Formel sammlung

Mathematik

DUDEN PAETEC Schulbuchverlag

Berlin · Frankfurt a. M.

Autoren
Dr. Lutz Engelmann
Dr. habil Günter Fanghänel
Karlheinz Lehmann
Dr. Günter Liesenberg
Prof. Dr. habil. Lothar Meyer
Dr. Uwe Schwippl
Dr. habil Reinhard Stamm
Prof Dr. habil Karlheinz Weber

1. Auflage, 2007

Internet: www.duden-paetec.de

Redaktion Dr. Günter Liesenberg
Gesamtgestaltung Britta Scharffenberg
Layout und Zeichnungen Birgit Kintzel, Ute Winkler
Druck Saale-Druck Naumburg GmbH

ISBN 978-3-8355-9010-6

Inhaltsverzeichnis

Ma

Alphabete, Rechnen mit Näherungswerten

Griechisches Alphabet

Α, α	Alpha	Η, η	Eta	Ν, ν	Ny	Τ, τ	Tau
Β, β	Beta	Θ, θ, ϑ	Theta	Ξ, ξ	Xi	Υ, υ	Ypsilon
Γ, γ	Gamma	Ι, ι	Jota	Ο, ο	Omikron	Φ, φ	Phi
Δ, δ	Delta	Κ, κ	Kappa	Π, π	Pi	Χ, χ	Chi
Ε, ε	Epsilon	Λ, λ	Lambda	Ρ, ϱ	Rho	Ψ, ψ	Psi
Ζ, ζ	Zeta	Μ, μ	My	Σ, σ, ς	Sigma	Ω, ω	Omega

Morsealphabet

a	·–	i	··	r	·–·	0	–––––
ä	·–·–	j	·–––	s	···	1	·––––
b	–···	k	–·–	t	–	2	··–––
c	–·–·	l	·–··	u	··–	3	···––
ch	––––	m	––	ü	··––	4	····–
d	–··	n	–·	v	···–	5	·····
e	·	o	–––	w	·––	6	–····
f	··–·	ö	–––·	x	–··–	7	––···
g	––·	p	·––·	y	–·––	8	–––··
h	····	q	––·–	z	––··	9	––––·

Römische Zahlzeichen

<table>
<tr><td>Schreibweise</td><td colspan="8">– Es wird links mit dem Symbol der größten Zahl begonnen. Die Symbole I, X, C werden höchstens dreimal nacheinander geschrieben, die Symbole V, L, D einmal.
– Steht ein Symbol einer kleineren Zahl vor dem einer größeren, so wird sein Wert von dem folgenden größeren subtrahiert. Vorangestellt, also subtrahiert werden, darf immer nur höchstens ein kleineres Grundsymbol.</td></tr>
<tr><td>Grundsymbole</td><td>I</td><td>1</td><td>X</td><td>10</td><td>C</td><td>100</td><td>M</td><td>1000</td></tr>
<tr><td>Hilfssymbole</td><td>V</td><td>5</td><td>L</td><td>50</td><td>D</td><td>500</td><td></td><td></td></tr>
<tr><td>Anwendung</td><td colspan="8">DCCCLXXXVIII 888   LXXXIV 84
MCMLXXXVII 1987   MXMIV 1994
Hinweis: Von mehreren möglichen Schreibweisen (z. B. für 1997 MCMXCVII bzw. MXMVII) wählt man heute meist die kürzere.</td></tr>
</table>

Darstellung von Dezimalzahlen mithilfe abgetrennter Zehnerpotenzen

<table>
<tr><th>$a > 1$</th><th>$a < 1$</th></tr>
<tr><td>$3440000 = 3{,}44 \cdot 1000000 = 3{,}44 \cdot 10^6$</td><td>$0{,}000000023 = 2{,}3 \cdot 0{,}00000001 = 2{,}3 \cdot 10^{-8}$</td></tr>
<tr><td colspan="2">Hinweis: Für $3{,}44 \cdot 10^6$ wird von manchen Taschenrechnern und Computern „3,44 E6“, „3,44 E06“ oder „3,44 06“ ausgegeben.</td></tr>
</table>

Ma

Rundungsregeln

Runden	Beim Runden werden alle auf eine bestimmte Ziffer folgenden Ziffern durch Nullen ersetzt (bei natürlichen Zahlen) bzw. weggelassen (bei Dezimalbrüchen).
Abrunden	Die Stelle, auf die zu runden ist, bleibt unverändert, wenn ihr eine 0, 1, 2, 3 oder 4 folgt.
Aufrunden	Die Stelle, auf die zu runden ist, wird um 1 erhöht, wenn ihr eine 5, 6, 7, 8 oder 9 folgt.

Rechnen mit Näherungswerten

zuverlässige Ziffern	sind die Ziffern eines Näherungswertes, die für Rechnungen herangezogen werden können. 3,6 hat zwei zuverlässige Ziffern. 3,60 hat drei zuverlässige Ziffern. 48,12 hat vier zuverlässige Ziffern.
Rechenoperation	**Regel**
Addition und Subtraktion	Beim Addieren und Subtrahieren sucht man denjenigen Näherungswert heraus, bei dem die letzte zuverlässige Ziffer am weitesten links steht, und rundet das Ergebnis auf diese Stelle.
Multiplikation und Division	Beim Multiplizieren und Dividieren sucht man denjenigen Näherungswert heraus, der die geringste Anzahl zuverlässiger Ziffern besitzt, und rundet das Ergebnis auf diese Stellenanzahl.

Rechnen mit dem Taschenrechner

Vorrangautomatik	Regel: „Punktrechnung geht vor Strichrechnung“	1. Potenzberechnung 2. Multiplikation/Division 3. Addition/Subtraktion
	$a + b \cdot c$	a [+] b [×] c
	$(a + b) \cdot c$	[(] a [+] b [)] [×] c
Rechnen mit Brüchen	[$a^{b/c}$] $\quad \frac{a}{b} + c\frac{d}{e}$	a [$a^{b/c}$] b [+] c [$a^{b/c}$] d [$a^{b/c}$] e
Prozenttaste	Die Taste [%] führt eine Division durch 100 aus.	
$\frac{W}{p} = \frac{G}{100}$	Es soll ermittelt werden:	
	– Prozentwert $\quad W = \frac{p \cdot G}{100}$	p [×] G [%] [=]
	– Prozentsatz $\quad p = \frac{W \cdot 100}{G}$	W [÷] G [%] [=]
	– Grundwert $\quad G = \frac{W \cdot 100}{p}$	W [÷] p [%] [=]
	(Bei manchen Taschenrechnern kann das [=] entfallen.)	
Winkelfunktionen		
Maßangabe einstellen	[MOD]	[MOD] [DEG] bzw. [RAD] bzw. [GRD]
	[D-R-G]	[SHIFT] [D-R-G]
	[DEG]	Winkel in Gradmaß
	[RAD]	Winkel in Bogenmaß
	[GRD]	Winkel in Neugrad

Einheiten

Vorsätze bei Einheiten

Vorsatz	Bedeutung	Faktor	Vorsatz	Bedeutung	Faktor
Tera T	Billion	1 000 000 000 000 $= 10^{12}$	Dezi d	Zehntel	$0{,}1 = \frac{1}{10} = 10^{-1}$
Giga G	Milliarde	1 000 000 000 $= 10^{9}$	Zenti c	Hundertstel	$0{,}01 = \frac{1}{100} = 10^{-2}$
Mega M	Million	1 000 000 $= 10^{6}$	Milli m	Tausendstel	$0{,}001 = \frac{1}{1000} = 10^{-3}$
Kilo k	Tausend	1 000 $= 10^{3}$	Mikro µ	Millionstel	0,000 001 $= 10^{-6}$
Hekto h	Hundert	100 $= 10^{2}$	Nano n	Milliardstel	0,000 000 001 $= 10^{-9}$
Deka da	Zehn	10 $= 10^{1}$	Pico p	Billionstel	0,000 000 000 001 $= 10^{-12}$

Einheiten von Größen

Länge	1 km = 1000 m 1 m = 10 dm 1 dm = 10 cm 1 cm = 10 mm	1 m = 0,001 km 1 dm = 0,1 m 1 cm = 0,01 m 1 mm = 0,1 cm
Fläche	1 km^2 = 100 ha 1 ha = 100 a 1 a = 100 m^2 1 m^2 = 100 dm^2 1 dm^2 = 100 cm^2 1 cm^2 = 100 mm^2	1 a = 0,01 ha 1 m^2 = 0,01 a 1 dm^2 = 0,01 m^2 1 cm^2 = 0,0001 m^2 1 mm^2 = 0,01 cm^2 1 mm^2 = 0,000001 m^2
Rauminhalt/ Volumen	1 m^3 = 1000 dm^3 1 dm^3 = 1000 cm^3 1 cm^3 = 1000 mm^3 1 Hektoliter = 100 Liter 1 Liter = 1000 Milliliter = 100 Zentiliter	1 dm^3 = 0,001 m^3 1 cm^3 = 0,001 dm^3 1 mm^3 = 0,001 cm^3 1 Liter = 1 dm^3 1 Milliliter = 1 cm^3
Masse	1 t = 10 dt 1 t = 1000 kg 1 dt = 100 kg 1 kg = 1000 g 1 g = 1000 mg	1 kg = 0,001 t 1 kg = 0,01 dt 1 g = 0,001 kg 1 mg = 0,001 g
Zeit	1 Jahr = 12 Monate 1 Monat = 28 bis 31 Tage 1 Tag = 24 h 1 h = 60 min Abkürzungen: a – Jahr; d – Tag 1 min = 60 s	1 d = 1440 min 1 d ≈ 0,00274 a 1 a ≈ 8 766 h 1 min ≈ 0,0167 h 1 s ≈ 0,0167 min
Temperatur	0 °C = 273,15 K 0 °C = 32 °F 100 °C = 373,15 K 100 °C = 212 °F Abkürzungen: Kelvin (K); Grad Celsius (°C); Grad Fahrenheit (°F); Temperaturdifferenzen werden häufig in Kelvin angegeben.	0 K = −273,15 °C 100 K = −173,15 °C
Geschwindigkeit	$1\,\frac{km}{h} = \frac{1}{3{,}6}\,\frac{m}{s} = 0{,}2\overline{7}\,\frac{m}{s} \approx 0{,}28\,\frac{m}{s}$	$1\,\frac{m}{s} = 3{,}6\,\frac{km}{h}$

Rechnen in verschiedenen Zahlenmengen

Zahlenmengen

Zahlenmenge	Beschreibung	uneingeschränkt ausführbare Grundrechenoperationen
natürliche Zahlen	$\mathbb{N} = \{0; 1; 2; 3; \ldots\}$ $\mathbb{N}^* = \mathbb{N} \setminus \{0\} = \{1; 2; 3; \ldots\}$	Addition, Multiplikation
ganze Zahlen	$\mathbb{Z} = \{\ldots; -3; -2; -1; 0; 1; 2; 3; \ldots\}$	Addition, Multiplikation, Subtraktion
gebrochene Zahlen	$\mathbb{Q}_+ = \{ \frac{p}{q} \mid p, q \in \mathbb{N} \text{ und } q \neq 0\}$ Alle Brüche, die dem gleichen Punkt des Zahlenstrahls zugeordnet sind, bezeichnen ein und dieselbe gebrochene Zahl. Gebrochene Zahlen können als Brüche ($\frac{p}{q}$) oder als (endliche oder periodische) Dezimalbrüche dargestellt werden.	Addition, Multiplikation, Division (ausgenommen durch 0)
rationale Zahlen	$\mathbb{Q} = \{ \frac{p}{q} \mid p, q \in \mathbb{Z} \text{ und } q \neq 0\}$ Gesamtheit der gebrochenen Zahlen und der zu diesen entgegengesetzten Zahlen	Addition, Multiplikation, Subtraktion, Division (ausgenommen durch 0)
reelle Zahlen	$\mathbb{R} = \mathbb{Q} \cup \mathbb{I}$ (↗ S. 31) $\mathbb{I}$ **irrationale Zahlen** (unendliche nicht periodische Dezimalbrüche)	Addition, Multiplikation, Subtraktion, Division (ausgenommen durch 0), Wurzelziehen
Beziehungen zwischen Zahlenmengen	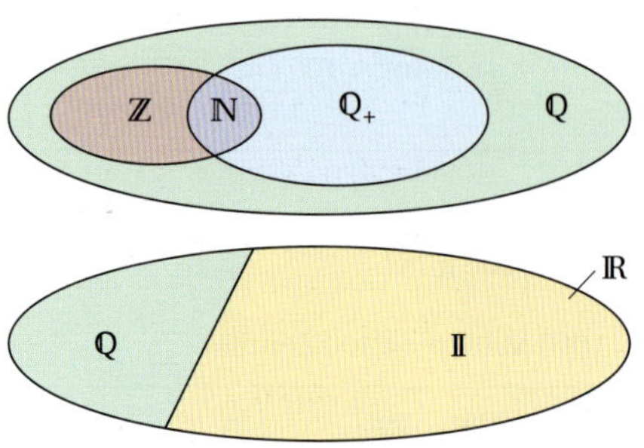	$\mathbb{N} \subset \mathbb{Z} \subset \mathbb{Q} \subset \mathbb{R}$ $\mathbb{N} \subset \mathbb{Q}_+ \subset \mathbb{Q} \subset \mathbb{R}$ (↗ S. 31)

Rechenoperationen

Stufe / Operation	Verknüpfung	*a*	*b*	*c*
1 / Addition	$a + b = c$	Summand	Summand	Summe
1 / Subtraktion	$a - b = c$	Minuend	Subtrahend	Differenz
2 / Multiplikation	$a \cdot b = c$	Faktor	Faktor	Produkt
2 / Division	$a : b = c; \quad b \neq 0$	Dividend	Divisor	Quotient
3 / Quadrieren	$a^2 = c$	Basis	Exponent 2	Quadrat
3 / Potenzieren	$a^b = c$	Basis	Exponent	Potenz
3 / Radizieren (Wurzelziehen)	$\sqrt[b]{a} = c; \quad a \geq 0; b > 1$	Radikand	Wurzelexponent	Wurzel
3 / Logarithmieren	$\log_a b = c; \quad a > 0; a \neq 1$	Basis	Numerus	Logarithmus

Teiler und Vielfache natürlicher Zahlen

Teiler	Vielfache
a heißt **Teiler** von b, wenn es ein n ($n \in \mathbb{N}$) gibt, sodass $a \cdot n = b$ gilt. (*Schreibweise:* $a \mid b$)	b heißt **Vielfaches** von a, wenn a ein Teiler von b ist.
gT(a, b) heißt **gemeinsamer Teiler** von a und b, wenn gT(a, b) sowohl a als auch b teilt.	gV(a, b) heißt **gemeinsames Vielfaches** von a und b, wenn sowohl a als auch b Teiler von gV(a, b) ist.
Mit **ggT(a, b)** bezeichnet man den größten gemeinsamen Teiler von a und b.	Mit **kgV(a, b)** bezeichnet man das kleinste gemeinsame Vielfache von a und b.
Bestimmung des ggT(a, b) mithilfe der **Primfaktorzerlegung:** Man multipliziert die kleinsten Potenzen aller Primfaktoren, die sowohl in der Zerlegung von a als auch in der Zerlegung von b vorkommen.	Bestimmung des kgV(a, b) mithilfe der **Primfaktorzerlegung:** Man multipliziert die höchsten Potenzen aller Primfaktoren, die in der Zerlegung von a oder in der Zerlegung von b vorkommen.

Teilbarkeitsregeln und Teilbarkeitseigenschaften

Teiler	Regel
	Null ist durch jede Zahl teilbar, jedoch nicht durch sich selbst.
	Jede Zahl ist durch sich selbst teilbar.
1	Jede Zahl (auch 0) ist durch 1 teilbar.
2	Eine Zahl ist durch 2 teilbar, wenn die letzte Ziffer durch 2 teilbar, d.h. 0, 2, 4, 6 oder 8 ist.
3	Eine Zahl ist durch 3 teilbar, wenn ihre **Quersumme** (Summe ihrer Ziffern) durch 3 teilbar ist.
4	Eine Zahl ist durch 4 teilbar, wenn ihre letzten beiden Ziffern eine durch 4 teilbare Zahl bilden.
5	Eine Zahl ist durch 5 teilbar, wenn die letzte Ziffer durch 5 teilbar, d.h. 0 oder 5 ist.
9	Eine Zahl ist durch 9 teilbar, wenn ihre **Quersumme** (Summe ihrer Ziffern) durch 9 teilbar ist.
10	Eine Zahl ist durch 10 teilbar, wenn ihre letzte Ziffer eine 0 ist.

Aus $a \mid b$ folgt $a \mid (b \cdot c)$.
Aus $a \mid b$ und $a \mid c$ folgt $a \mid (b + c)$.
Aus $a \mid b$ folgt $(a \cdot c) \mid (b \cdot c)$.
Aus $a \mid b$ und $b \mid c$ folgt $a \mid c$.
Aus $a \mid b$ und $c \mid d$ folgt $(a \cdot c) \mid (b \cdot d)$.
Aus $a \mid b$ und $a \mid c$ folgt $a \mid (b - c)$.
Aus $a \mid c$ und $b \mid c$ und $\text{ggT}(a, b) = 1$ folgt $(a \cdot b) \mid c$.

Bruchrechnung

$a, b, c, d \in \mathbb{Z}$; Nenner $\neq 0$

Bruch	$\frac{a}{b}$ heißt **Bruch,** a heißt **Zähler** und b **Nenner** des Bruches.		
Kehrwert	Der Bruch $\frac{b}{a}$ heißt **Kehrwert (Reziprokes)** von $\frac{a}{b}$. Es gilt: $\frac{a}{b} \cdot \frac{b}{a} = 1$		
Erweitern	$\frac{a}{b} = \frac{a \cdot c}{b \cdot c}$ $(c \neq 0)$	**Kürzen**	$\frac{a}{b} = \frac{a : c}{b : c}$ ($c \neq 0$ und $c \mid a$ und $c \mid b$)

Addition und Subtraktion gleichnamiger Brüche	$\frac{a}{b} + \frac{c}{b} = \frac{a+c}{b}$	$\frac{a}{b} - \frac{c}{b} = \frac{a-c}{b}$
Addition und Subtraktion ungleichnamiger Brüche	$\frac{a}{b} + \frac{c}{d} = \frac{a \cdot d + b \cdot c}{b \cdot d}$	$\frac{a}{b} - \frac{c}{d} = \frac{a \cdot d - b \cdot c}{b \cdot d}$
Multiplikation und Division	$\frac{a}{b} \cdot \frac{c}{d} = \frac{a \cdot c}{b \cdot d}$ $\quad \frac{a}{b} \cdot c = \frac{a}{b} \cdot \frac{c}{1} = \frac{a \cdot c}{b}$	$\frac{a}{b} : \frac{c}{d} = \frac{a}{b} \cdot \frac{d}{c} = \frac{a \cdot d}{b \cdot c}$ $\quad \frac{a}{b} : c = \frac{a}{b} \cdot \frac{1}{c} = \frac{a}{b \cdot c}$

Rechnen mit positiven und negativen Zahlen (Vorzeichenregeln)

$a, b \in \mathbb{R}$; Nenner $\neq 0$

Betrag einer Zahl	Der **Betrag** $\lvert a \rvert$ einer Zahl a entspricht dem Abstand dieser Zahl von 0 auf der Zahlengeraden.	$\lvert a \rvert = \begin{cases} a, \text{ wenn } a \geq 0 \\ -a, \text{ wenn } a < 0 \end{cases}$
	$\lvert a \rvert = \lvert -a \rvert;\ \lvert a \rvert \geq 0$ $\lvert a \rvert - \lvert b \rvert \leq \lvert a - b \rvert \leq \lvert a \rvert + \lvert b \rvert$	$\lvert a \cdot b \rvert = \lvert a \rvert \cdot \lvert b \rvert$ $\lvert a : b \rvert = \lvert a \rvert : \lvert b \rvert$
Addition*	$(+a) + (+b) = +(a+b)$ $(-a) + (-b) = -(a+b)$	$(+a) + (-b) = -(b-a)$ $(-a) + (+b) = +(b-a)$
Subtraktion*	$(+a) - (+b) = (+a) + (-b) = -(b-a)$ $(-a) - (-b) = (-a) + (+b) = +(b-a)$	$(+a) - (-b) = (+a) + (+b) = +(a+b)$ $(-a) - (+b) = (-a) + (-b) = -(a+b)$
Multiplikation*	$(+a) \cdot (+b) = +(a \cdot b)$ $(-a) \cdot (-b) = +(a \cdot b)$	$(+a) \cdot (-b) = -(a \cdot b)$ $(-a) \cdot (+b) = -(a \cdot b)$
Division*	$(+a) : (+b) = (+a) \cdot (+\frac{1}{b}) = +\frac{a}{b}$ $(-a) : (-b) = (-a) \cdot (-\frac{1}{b}) = +\frac{a}{b}$	$(+a) : (-b) = (+a) \cdot (-\frac{1}{b}) = -\frac{a}{b}$ $(-a) : (+b) = (-a) \cdot (+\frac{1}{b}) = -\frac{a}{b}$

* Die Variablen a und b stehen für die Beträge reeller Zahlen.

Termumformungen

a, b, c, d in $\mathbb{R}$ erklärte Terme

Rechengesetze	$a + b = b + a$ $a \cdot b = b \cdot a$ $a + (b + c) = (a + b) + c$ $a \cdot (b \cdot c) = (a \cdot b) \cdot c$ $a \cdot (b + c) = a \cdot b + a \cdot c$	**Kommutativgesetz (Vertauschungsgesetz)** der Addition **Kommutativgesetz (Vertauschungsgesetz)** der Multiplikation **Assoziativgesetz (Verbindungsgesetz)** der Addition **Assoziativgesetz (Verbindungsgesetz)** der Multiplikation **Distributivgesetz (Verteilungsgesetz)**
binomische Formeln	**1.** $(a+b)^2 = a^2 + 2ab + b^2$ **2.** $(a-b)^2 = a^2 - 2ab + b^2$ **3.** $(a+b)(a-b) = a^2 - b^2$	$(a+b)^3 = a^3 + 3a^2b + 3ab^2 + b^3$ $(a-b)^3 = a^3 - 3a^2b + 3ab^2 - b^3$ $(a-b)(a^2 + ab + b^2) = a^3 - b^3$
Rechnen mit Klammern	$+(a + b - c) = a + b - c$ $-(a + b - c) = +(-a - b + c) = -a - b + c$ $a(b + c - d) = ab + ac - ad$ $ab + ac - ad = a(b + c - d)$ $(a + b) \cdot (c + d) = a \cdot c + a \cdot d + b \cdot c + b \cdot d$	„Plus-Klammer" **auflösen** „Minus-Klammer" **auflösen** → **Ausmultiplizieren** → **Ausklammern** **Multiplikation von Summen**

Potenzen

Definition	$a^n = \underbrace{a \cdot a \cdot \ldots \cdot a}_{n \text{ Faktoren } a}$ $\quad (a \in \mathbb{R}\setminus\{0\};\ n \in \mathbb{N})$ a^n **Potenz** $\quad a$ **Basis** $\quad n$ **Exponent** $a^2 = a \cdot a$ heißt **Quadrat** $\quad a^0 = 1 \quad a^1 = a \quad a^{-n} = \frac{1}{a^n}$ $a^{\frac{p}{q}} = (a^p)^{\frac{1}{q}} = \sqrt[q]{a^p}$ $\quad a \in \mathbb{R} \quad a > 0 \quad p \in \mathbb{Z} \quad q \in \mathbb{N}^*$
Potenzgesetze	Die Gesetze gelten für alle $m, n \in \mathbb{R}$ bei positiven reellen Basen. Für $m, n \in \mathbb{Z}$ gelten sie bei Basen aus $\mathbb{R}\setminus\{0\}$. **gleiche Basis** • $a^m \cdot a^n = a^{m+n}$ • $a^m : a^n = a^{m-n}$ **gleicher Exponent** • $a^n \cdot b^n = (a \cdot b)^n$ • $a^n : b^n = (a : b)^n$ **Potenzieren** • $(a^m)^n = a^{mn} = (a^n)^m$

Wurzeln

Definition	$a = c^n$ ist gleichbedeutend mit $c = \sqrt[n]{a}$ $\quad a \in \mathbb{R} \quad a \geq 0 \quad n \in \mathbb{N}^*\setminus\{1\} \quad c \geq 0$ (gesprochen: ***n*-te Wurzel aus *a***) $\quad c$ n-te Wurzel $\quad a$ Radikand n **Wurzelexponent** $\sqrt[2]{a} = \sqrt{a}$ heißt **Quadratwurzel.** $\sqrt[3]{a}$ heißt **Kubikwurzel.**
Wurzelgesetze	• $\sqrt[n]{a} \cdot \sqrt[n]{b} = \sqrt[n]{a \cdot b}$ • $\frac{\sqrt[n]{a}}{\sqrt[n]{b}} = \sqrt[n]{\frac{a}{b}}$ (für $b > 0$) • $\sqrt[n]{\sqrt[m]{a}} = \sqrt[m]{\sqrt[n]{a}} = \sqrt[m \cdot n]{a}$ • $(\sqrt[n]{a})^m = \sqrt[n]{a^m}$

Proportionen

	direkte Proportionalität	indirekte (umgekehrte) Proportionalität
Sachverhalt	→ (a → c) Größe X | a | c Größe Y | b | d → (b → d)	→ (a → c) Größe X | a | c Größe Y | b | d ← (d → b)
Verhältnis-gleichung	$\frac{a}{c} = \frac{b}{d}$ Daraus folgt: $a \cdot d = b \cdot c$	$\frac{a}{c} = \frac{d}{b}$ Daraus folgt: $a \cdot b = c \cdot d$
Proportionalitäts-faktor *k*	$b = k \cdot a \quad d = k \cdot c$ Daraus folgt: $k = \frac{b}{a} = \frac{d}{c}$ **(quotientengleich)**	$b = k \cdot \frac{1}{a} \quad d = k \cdot \frac{1}{c}$ Daraus folgt: $k = a \cdot b = c \cdot d$ **(produktgleich)**

Mittelwerte

	Proportion und Formel	allgemeine Formel
arithmetisches Mittel	$\frac{a-\bar{x}}{\bar{x}-b} = \frac{1}{1} \Rightarrow \bar{x} = \frac{a+b}{2}$	$\bar{x} = \frac{a_1 + a_2 + \ldots + a_n}{n}$
geometrisches Mittel *g* (mittlere Proportionale)	$\frac{a}{g} = \frac{g}{b} \Rightarrow g = \sqrt{ab}\,;\ a, b > 0$	$g = \sqrt[n]{a_1 \cdot a_2 \cdot \ldots \cdot a_n}\,;\ a_i \geq 0$
harmonisches Mittel *h*	$\frac{a-h}{h-b} = \frac{a}{b} \Rightarrow h = \frac{2ab}{a+b}$	$h = \frac{n}{\frac{1}{a_1} + \frac{1}{a_2} + \ldots + \frac{1}{a_n}}$
Goldener Schnitt	$\frac{a}{x} = \frac{x}{a-x}$ Daraus folgt: $x = \frac{\sqrt{5}-1}{2} \cdot a$; $x = 0{,}681 \cdot a$	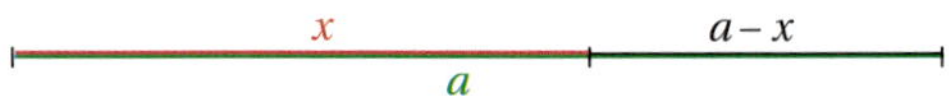 Strecke, die im Goldenen Schnitt geteilt wurde

Prozentrechnung

G Grundwert	*W* Prozentwert	*p* % Prozentsatz	*p* Prozentzahl
Prozentsatz $p\,\% = \frac{p}{100}$	Promillesatz $p\,‰ = \frac{p}{1000}$		$1\,\% = 10\,‰$
Grundgleichung der Prozenrechnung	$\frac{G}{100} = \frac{W}{p}$ Daraus folgt: $W = \frac{p \cdot G}{100}$	$p = \frac{W \cdot 100}{G}$	$G = \frac{W \cdot 100}{p}$

„Bequeme" Prozentsätze

Prozentsatz	1 %	2 %	$2\frac{1}{2}$ %	3 %	4 %	5 %	$6\frac{1}{4}$ %	$6\frac{2}{3}$ %	10 %	$12\frac{1}{2}$ %
Anteil am Grundwert	$\frac{1}{100}$	$\frac{1}{50}$	$\frac{1}{40}$	$\frac{1}{30}$	$\frac{1}{25}$	$\frac{1}{20}$	$\frac{1}{16}$	$\frac{1}{15}$	$\frac{1}{10}$	$\frac{1}{8}$
Prozentsatz	20 %	25 %	30 %	$33\frac{1}{3}$ %	40 %	50 %	60 %	$66\frac{2}{3}$ %	75 %	80 %
Anteil am Grundwert	$\frac{1}{5}$	$\frac{1}{4}$	$\frac{3}{10}$	$\frac{1}{3}$	$\frac{2}{5}$	$\frac{1}{2}$	$\frac{3}{5}$	$\frac{2}{3}$	$\frac{3}{4}$	$\frac{4}{5}$

Relative Häufigkeit = z B die Wurfversuche : Treffer · 100
58 : 93 · 100 = 62,37

Zinsrechnung

K	Kapital	*Z*	Zinsen	*R*	Rate, Rente
p %	Zinssatz des Kapitals	p. a.	per annum (pro Jahr)	*S*	Schuld, Darlehen
#	Zinszahl ($\# = \frac{1}{100} \cdot K \cdot t$)	*q*	Zinsfaktor ($q = \frac{100+p}{100} = 1 + \frac{p}{100}$)	*D*	Zinsdivisor ($D = \frac{360}{p}$)
t	Anzahl der Tage	*m*	Anzahl der Monate	*n*	Anzahl der Jahre

1 Jahr ≙ 360 Tage; 1 Monat ≙ 30 Tage (im deutschen Bankwesen)

Jahreszinsen		Monatszinsen	Tageszinsen (Diskont)
$Z = \frac{K \cdot p}{100}$	$Z_n = \frac{K \cdot p \cdot n}{100}$	$Z_m = \frac{K \cdot p \cdot m}{100 \cdot 12}$	$Z_t = \frac{K \cdot p \cdot t}{100 \cdot 360} = \frac{\#}{D}$
Rendite (effektive Jahresverzinsung)		**Zinseszinsen** (Endwert K_n des Anfangskapitals K_0 nach n Jahren)	
$p = \frac{Z \cdot 100}{K}$		$K_n = K_0 \cdot q^n = K_0 \cdot \left(\frac{100 + p}{100}\right)^n$	

Bequeme Zinsdivisoren (Zinsteiler), die sinnvoll zur Berechnung von Tageszinsen und des Diskonts beim Diskontieren sind

Zinssatz	0,5 %	1 %	2%	$2\frac{1}{2}$ %	$2\frac{2}{3}$ %	3%	$3\frac{1}{3}$ %	$3\frac{3}{4}$ %	4%
Zinsdivisor	720	360	180	144	135	120	108	96	90
Zinssatz	$4\frac{1}{2}$ %	5%	6%	$6\frac{2}{3}$ %	$7\frac{1}{2}$ %	8%	9%	10%	12 %
Zinsdivisor	80	72	60	54	48	45	40	36	30

Gleichungslehre

Äquivalenzumformungen von Gleichungen und Ungleichungen

$T_1 = T_2$	$T_1 < T_2$	Bemerkungen
$T_1 \pm T = T_2 \pm T$	$T_1 \pm T < T_2 \pm T$	Das Relationszeichen bleibt gleich.
$T_1 \cdot T = T_2 \cdot T$ $T_1 : T = T_2 : T$	$T_1 \cdot T < T_2 \cdot T$ $T_1 : T < T_2 : T$	Das Relationszeichen bleibt gleich.
$T_1 \cdot T = T_2 \cdot T$ $T_1 : T = T_2 : T$	$T_1 \cdot T > T_2 \cdot T$ $T_1 : T > T_2 : T$	Für T < 0 muss das Relationszeichen „<" durch „>" ersetzt werden.

Lineare Gleichungen

Normalform	$ax + b = 0$	$a, b \in \mathbb{R}$
Lösung x	$x = -\frac{b}{a}$	$a \neq 0$
Lösungsmenge L	$L = \left\{-\frac{b}{a}\right\}$	$a \neq 0$

Lineare Gleichungssysteme aus zwei Gleichungen mit zwei Variablen

Normalform	(I) $a_1x + b_1y = c_1$ (II) $a_2x + b_2y = c_2$		$a_1, b_1, c_1, a_2, b_2, c_2 \in \mathbb{R}$ $a_1, b_1, c_1, a_2, b_2, c_2$ konstant
Lösungsformeln	$x = \frac{c_1 b_2 - c_2 b_1}{a_1 b_2 - a_2 b_1}$	$y = \frac{a_1 c_2 - a_2 c_1}{a_1 b_2 - a_2 b_1}$	$(a_1 b_2 - a_2 b_1 \neq 0)$

Lösungsverfahren	Beschreibung
Einsetzungsverfahren	(I) eine Gleichung nach x auflösen (II) den Term für x in die andere Gleichung einsetzen (III) Lösung für y in der Gleichung aus (II) ermitteln (IV) y in die Gleichung aus (I) einsetzen und x ermitteln
Gleichsetzungsverfahren	(I) (II) beide Gleichungen nach einer Variablen auflösen (z. B. nach x) (III) den Term für x aus (I) und aus (II) gleichsetzen und y ermitteln (IV) y in eine Ausgangsgleichung einsetzen und x ermitteln
Additionsverfahren	(I) beide Gleichungen addieren bzw. subtrahieren, um eine Gleichung mit nur einer Variablen (z. B. y) zu erhalten (II) diese Gleichung nach y auflösen (III) y in eine Ausgangsgleichung einsetzen und x ermitteln

Darstellung der Graphen der zu beiden Gleichungen zugehörigen Funktionen in einem gemeinsamen Koordinatensystem

1. Fall
Geraden schneiden einander im Punkt $S(x_S \mid y_S)$.
$L = \{(x_S;\ y_S)\}$
genau eine Lösung

2. Fall
Geraden sind zueinander parallel.
$L = \emptyset$
keine Lösung

3. Fall
Geraden fallen zusammen.
$L = \{(x \mid y)\}$ mit $x \in \mathbb{R}$ und $y = mx + n$
unendlich viele Lösungen

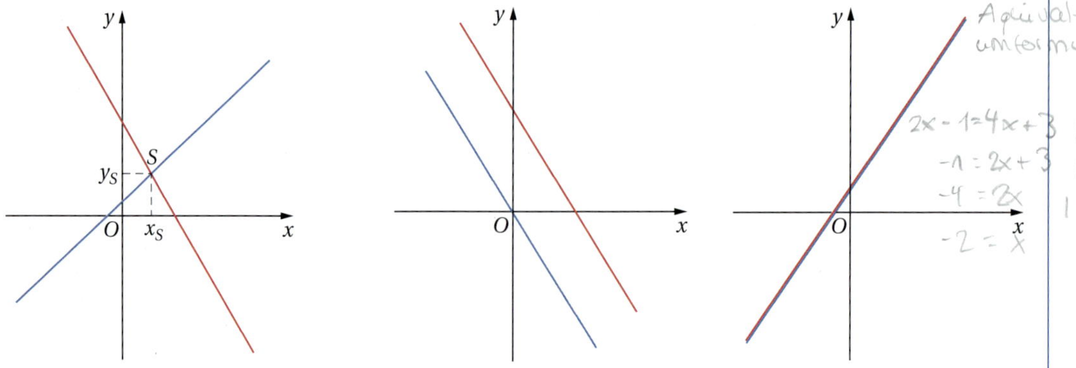

Quadratische Gleichungen

allgemeine Form	$ax^2 + bx + c = 0$	$a, b, c \in \mathbb{R}$; a, b, c konstant; $a \neq 0$	
Normalform	$x^2 + px + q = 0$	$p = \frac{b}{a}$; $q = \frac{c}{a}$	$p, q \in \mathbb{R}$
Lösung	$x_{1;2} = -\frac{p}{2} \pm \sqrt{\left(\frac{p}{2}\right)^2 - q}$	$D = \frac{p^2}{4} - q = (\frac{p}{2})^2 - q$	**(Diskriminante)**
	$D = 0$ (genau eine Lösung)	$D > 0$ (zwei Lösungen)	$D < 0$ (keine Lösung)
Satz von Vieta	$x_1 + x_2 = -p$	$x_1 \cdot x_2 = q$	

Sonderfälle	$p = 0$;	$q = 0$	$x^2 = 0$	$L = \{0\}$
	$p \neq 0$;	$q = 0$	$x^2 + px = 0$	$L = \{0; -p\}$
	$p = 0$;	$q \neq 0$	$x^2 + q = 0$	wenn $q > 0$: keine Lösung in $\mathbb{R}$ wenn $q < 0$: $L = \{-\sqrt{\lvert q \rvert};\ \sqrt{\lvert q \rvert}\}$

Planimetrie

Strahlensätze

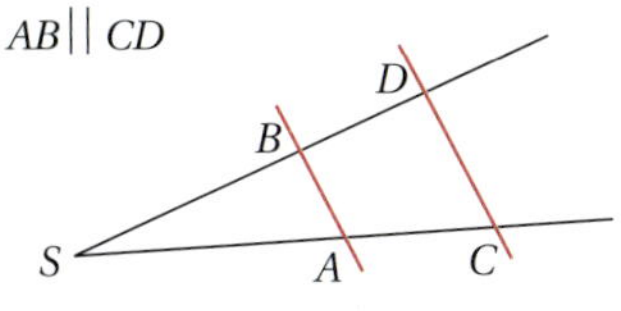

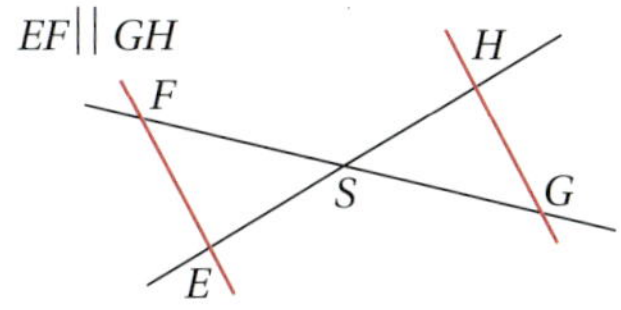

1. Strahlenabschnitte auf einem Strahl verhalten sich zueinander wie die gleichliegenden Strahlenabschnitte auf dem anderen Strahl.

$\frac{\overline{SA}}{\overline{SC}} = \frac{\overline{SB}}{\overline{SD}}$ $\qquad$ $\frac{\overline{SE}}{\overline{EH}} = \frac{\overline{SF}}{\overline{FG}}$

2. Parallelenabschnitte verhalten sich zueinander wie die zugehörigen Strahlenabschnitte auf dem gemeinsamen Strahl.

$\frac{\overline{AB}}{\overline{CD}} = \frac{\overline{SB}}{\overline{SD}}$ $\qquad$ $\frac{\overline{EF}}{\overline{HG}} = \frac{\overline{SE}}{\overline{SH}}$

Zentrische Streckung und Ähnlichkeit

Streckungszentrum Z; Streckungsfaktor k

Wird das Dreieck ABC bei einer **zentrischen Streckung** (mit dem Streckungszentrum Z und dem Streckungsfaktor k) auf das Dreieck $A'B'C'$ abgebildet, so sind beide Dreiecke **ähnlich** zueinander.

Das heißt:

- Winkelgrößen bleiben erhalten,
- Streckenverhältnisse sind konstant.

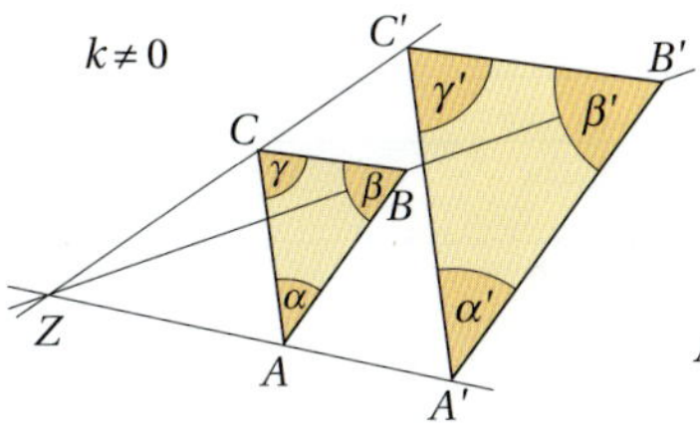

$\alpha = \alpha'$

$\overline{ZA'} = k \cdot \overline{ZA}$

$\frac{\overline{AB}}{\overline{AC}} = \frac{\overline{A'B'}}{\overline{A'C'}}$

$A_{\triangle A'B'C'} = k^2 \cdot A_{\triangle ABC}$

Kongruenzsätze für Dreiecke		Ähnlichkeitssätze für Dreiecke
Dreiecke sind zueinander kongruent, wenn sie übereinstimmen		Dreiecke sind zueinander ähnlich, wenn sie übereinstimmen
sss in den drei Seiten;	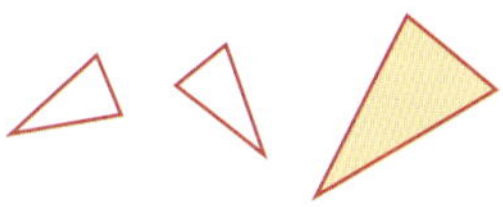	im Längenverhältnis aller entsprechenden Seiten;
sws in zwei Seiten und in dem von ihnen eingeschlossenen Winkel;	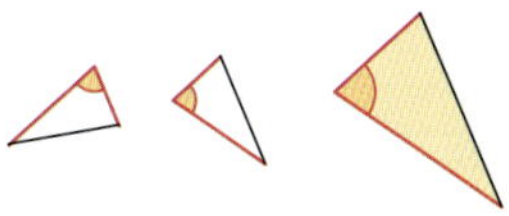	in den Längenverhältnissen zweier Seiten und in dem von ihnen jeweils eingeschlossenen Winkel;
wsw in einer Seite und in den beiden anliegenden Winkeln;	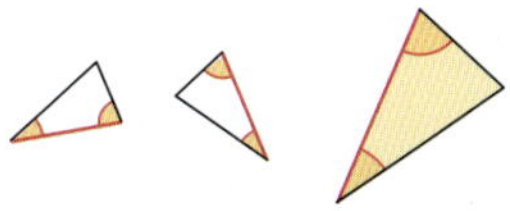	in zwei Winkeln (**Hauptähnlichkeitssatz**);
SsW in zwei Seiten und in dem der längeren Seite gegenüberliegenden Winkel.	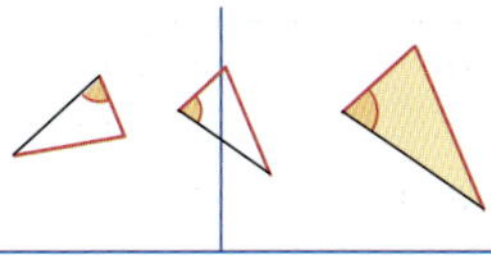	in den Längenverhältnissen zweier Seiten und in dem der jeweils längeren Seite gegenüberliegenden Winkel.

Die Kongruenz ist ein Spezialfall der Ähnlichkeit mit einem Ähnlichkeitsfaktor $k = 1$.

Ma

Winkel

Nullwinkel	spitzer Winkel	rechter Winkel	stumpfer Winkel	gestreckter Winkel	überstumpfer Winkel	Vollwinkel
$\alpha = 0°$	$\alpha < 90°$	$\alpha = 90°$	$90° < \alpha < 180°$	$\alpha = 180°$	$180° < \alpha < 360°$	$\alpha = 360°$
	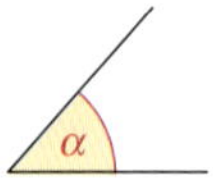		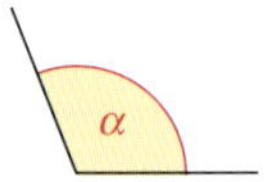	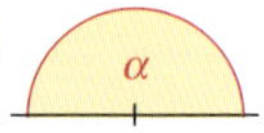	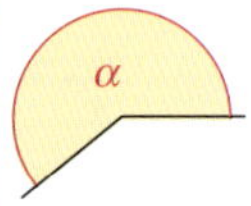	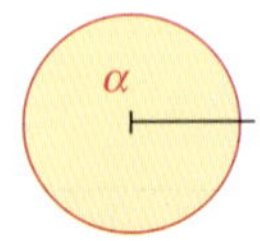

Nebenwinkel ergänzen einander zu 180°.	**Scheitelwinkel** sind gleich groß.	**Stufenwinkel** an geschnittenen Parallelen sind gleich groß.	**Wechselwinkel** an geschnittenen Parallelen sind gleich groß.
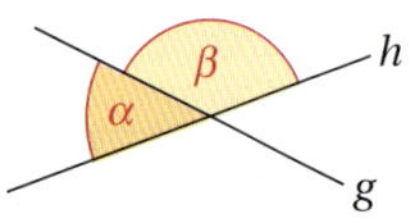		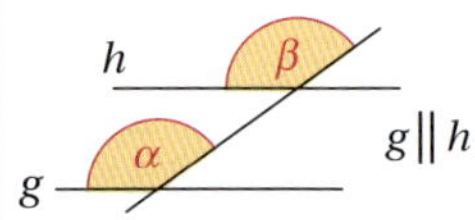	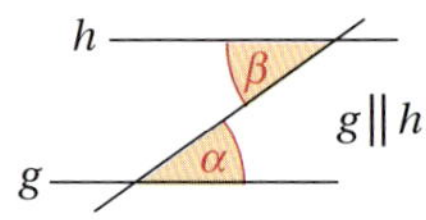
$\alpha + \beta = 180°$	$\alpha = \beta$	$\alpha = \beta$	$\alpha = \beta$

Winkel am Dreieck

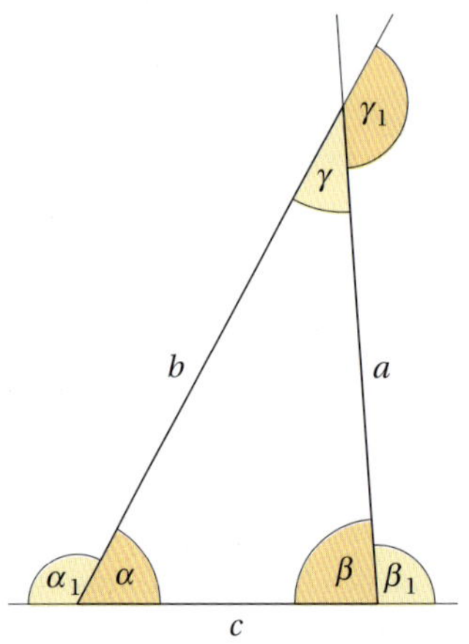

Die Summe der **Innenwinkel eines Dreiecks** beträgt 180°. **(Innenwinkelsatz)**	$\alpha + \beta + \gamma = 180°$
Jeder Außenwinkel eines Dreiecks ist so groß wie die Summe der beiden nicht anliegenden Innenwinkel. **(Außenwinkelsatz)**	$\alpha_1 = \beta + \gamma$ $\beta_1 = \alpha + \gamma$ $\gamma_1 = \alpha + \beta$
Die Summe der **Außenwinkel eines Dreiecks** beträgt 360°.	$\alpha_1 + \beta_1 + \gamma_1 = 360°$

Winkel am Viereck

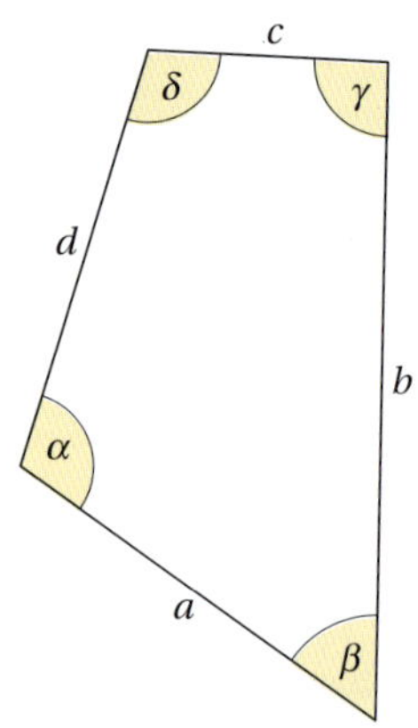

Die Summe der **Innenwinkel eines Vierecks** beträgt 360°. $\alpha + \beta + \gamma + \delta = 360°$

Verallgemeinerung:
Die Summe der Innenwinkel eines n-Ecks beträgt $(n-2) \cdot 180°$.

Dreiecke

Höhen	Seitenhalbierenden	Winkelhalbierenden	Mittelsenkrechten
Alle Höhen schneiden einander in einem gemeinsamen **Höhenschnittpunkt *H*.** Ihre Längen verhalten sich umgekehrt zueinander wie die Längen der zugehörigen Seiten. 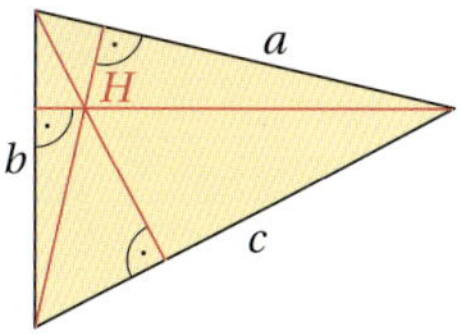	Alle Seitenhalbierenden schneiden einander im **Schwerpunkt *S*.** *S* teilt jede Seitenhalbierende im Verhältnis 2 : 1. 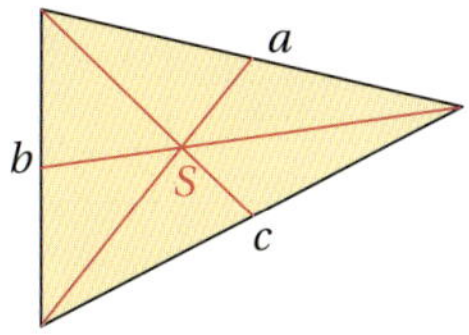	Alle Winkelhalbierenden schneiden einander im **Inkreismittelpunkt *W*.** ϱ ist der Inkreisradius. 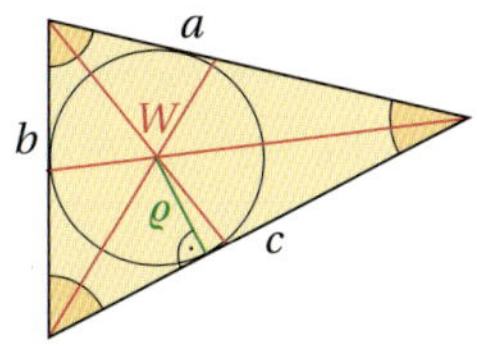	Alle Mittelsenkrechten schneiden einander im **Umkreismittelpunkt *M*.** r ist der Umkreisradius. 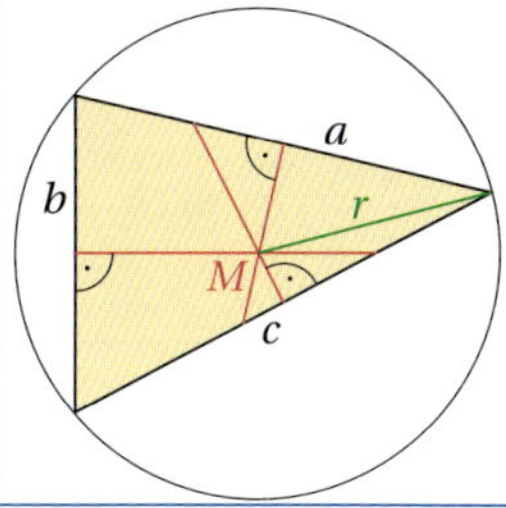

allgemeines Dreieck	rechtwinkliges Dreieck	gleichseitiges Dreieck
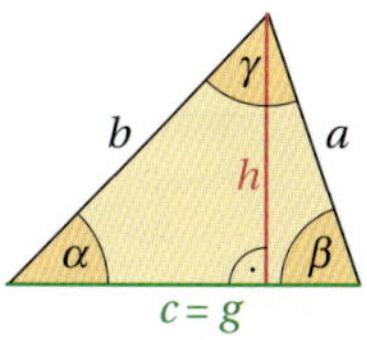	$\gamma = 90°$ a, b Katheten, c Hypotenuse 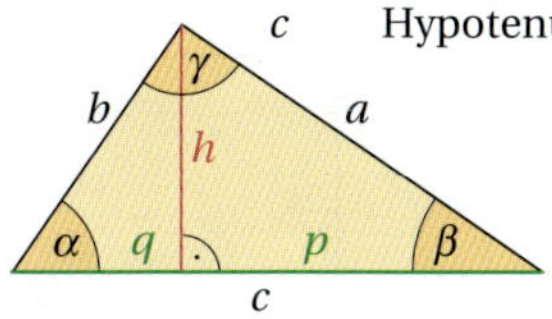	$\alpha = 60°$ 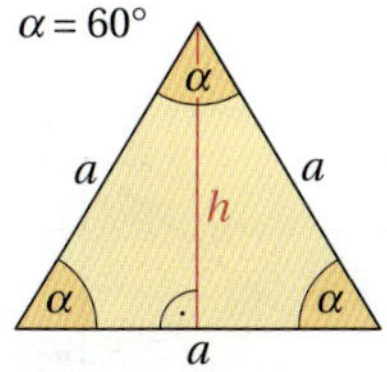
Der kleinsten Seite liegt der kleinste Winkel gegenüber. $a+b>c;\ b+c>a;\ a+c>b$ **(Dreiecksungleichung)** $A = \frac{g \cdot h}{2}$ $u = a+b+c$	**Satz des PYTHAGORAS:** $c^2 = a^2 + b^2$ **Höhensatz:** $h^2 = q \cdot p$ **Kathetensatz:** $a^2 = c \cdot p$, $b^2 = c \cdot q$ $A = \frac{a \cdot b}{2}$ $u = a+b+c$	Höhe, Seitenhalbierende und Winkelhalbierende sind gleich lang. Umkreis und Inkreis haben einen gemeinsamen Mittelpunkt. $A = \frac{a^2}{4} \cdot \sqrt{3}$ $h = \frac{a}{2} \cdot \sqrt{3}$ $u = 3 \cdot a$

Vierecke

Rechteck	Quadrat	Raute (Rhombus)
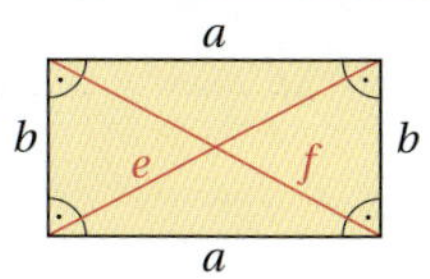 $e = f$	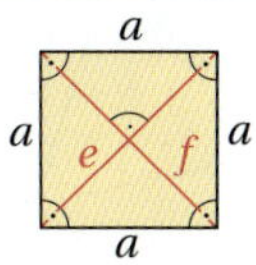 $e \perp f$, $e = f$	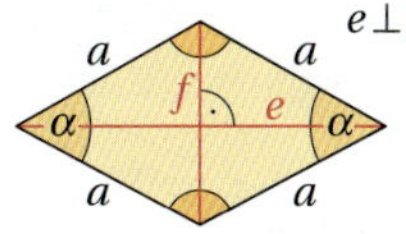 $e \perp f$
Alle Innenwinkel sind gleich groß. Die Diagonalen sind gleich lang und halbieren einander. $e^2 = a^2 + b^2$ $A = a \cdot b$ $u = 2 \cdot (a+b)$	Alle Innenwinkel sind gleich groß. Die Diagonalen sind zueinander senkrecht. $e^2 = 2 \cdot a^2$ $A = a^2$ $u = 4 \cdot a$	Gegenüberliegende Innenwinkel sind gleich groß. Die Diagonalen sind zueinander senkrecht. $e^2 + f^2 = 4 \cdot a^2$ $A = \frac{e \cdot f}{2}$ $u = 4 \cdot a$

Trapez	Parallelogramm	Drachenviereck
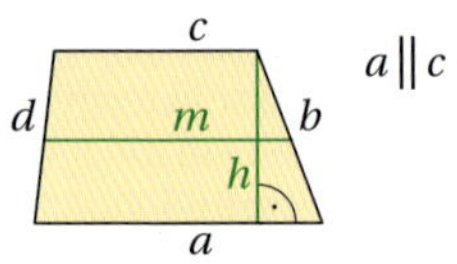	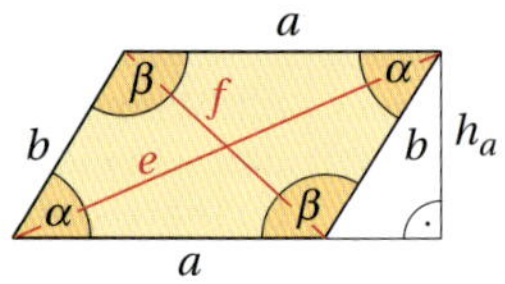	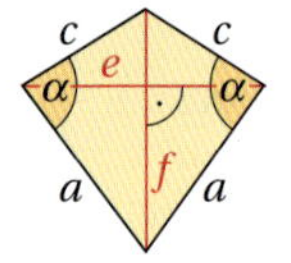
Mindestens zwei Seiten sind zueinander parallel.	Gegenüberliegende Seiten sind zueinander parallel und gleich lang. Gegenüberliegende Winkel sind gleich groß.	Die Diagonalen sind zueinander senkrecht. Mindestens zwei gegenüberliegende Winkel sind gleich groß.
$A = \frac{(a+c)}{2} \cdot h = m \cdot h$	$A = a \cdot h_a$	$A = \frac{e \cdot f}{2}$
$u = a + b + c + d$	$u = 2 \cdot (a + b)$	$u = 2 \cdot (a + b)$

Regelmäßige Vielecke (n-Ecke)

regelmäßiges Vieleck	regelmäßiges Sechseck
Jedes Vieleck mit gleich langen Seiten und gleich großen Innenwinkeln heißt regelmäßig.	
n Anzahl der Ecken $\quad r_1$ Inkreisradius $\quad r_2$ Umkreisradius	
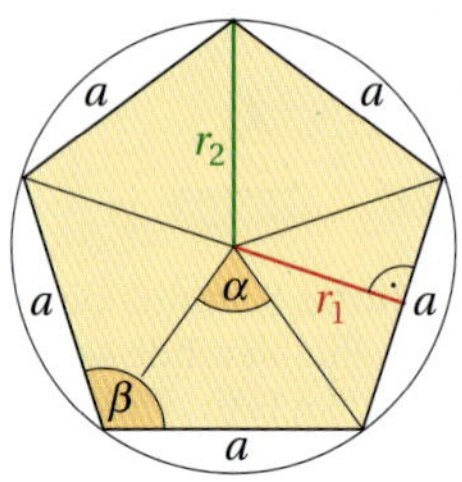	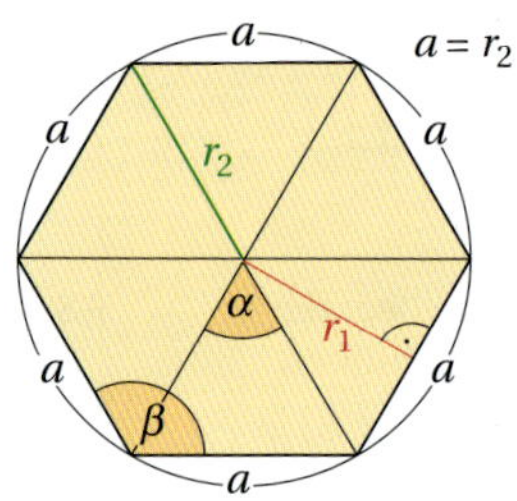
$\alpha = \frac{360°}{n}$ $\quad u = n \cdot a$ $\quad A = \frac{n}{2} \cdot a \cdot r_1$	$\alpha = \frac{360°}{6} = 60°$ $\quad u = 6 \cdot a$ $\quad A = \frac{3 \cdot \sqrt{3}}{2} \cdot a^2$

Kreis

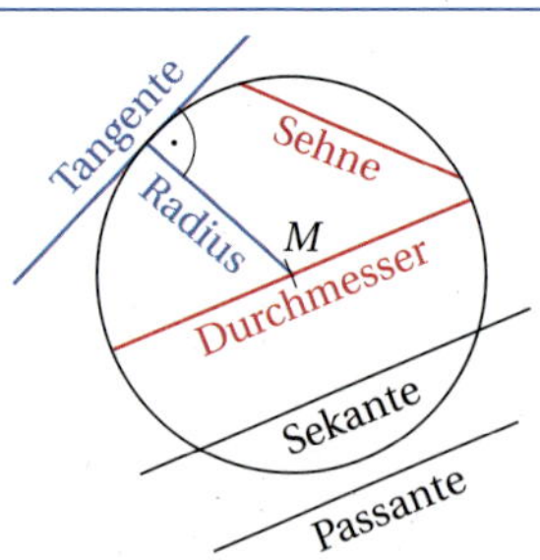	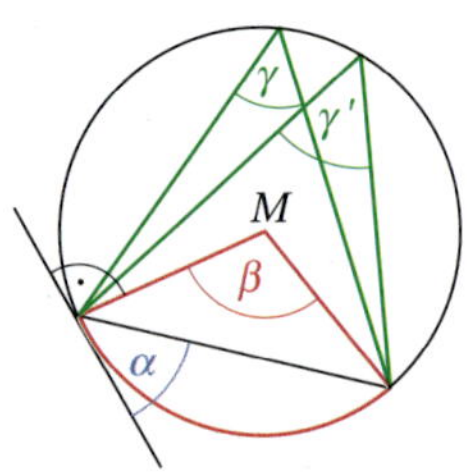 $\beta = 2 \cdot \alpha$ $\quad \beta = 2 \cdot \gamma$ $\gamma = \gamma'$ $\quad \alpha = \gamma$	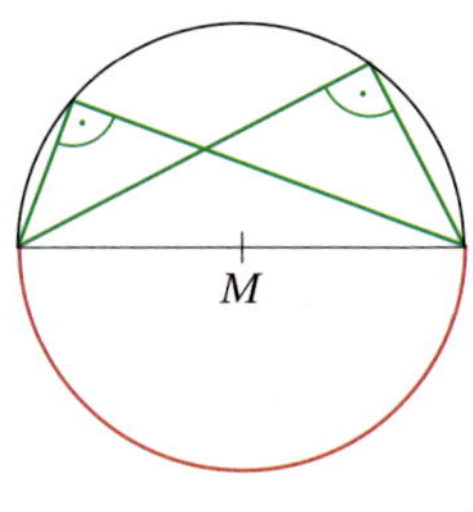
Tangente und Berührungsradius sind senkrecht zueinander.	α Sehnentangentenwinkel β Zentriwinkel (Mittelpunktswinkel) γ Peripheriewinkel (Umfangswinkel)	Peripheriewinkel über einem Halbkreis sind rechte Winkel. **(Satz des Thales)**

Kreis

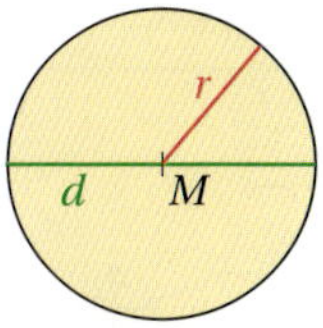

ludolphsche Zahl:
$\pi = 3{,}14159...$
$\pi \approx 3{,}14$

$d = 2 \cdot r$

$A = \pi \cdot r^2 = \frac{\pi}{4} \cdot d^2$

$u = 2\pi \cdot r = \pi \cdot d$

Kreisring

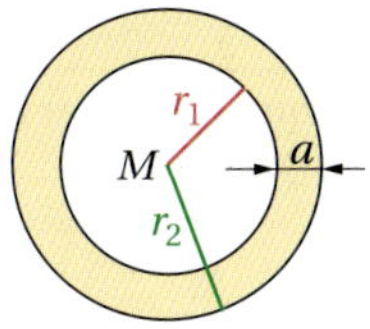

Ringbreite a

$a = r_2 - r_1$

$A = \pi \cdot (r_2{}^2 - r_1{}^2)$

$u = 2\,\pi \cdot (r_1 + r_2)$

Kreisausschnitt

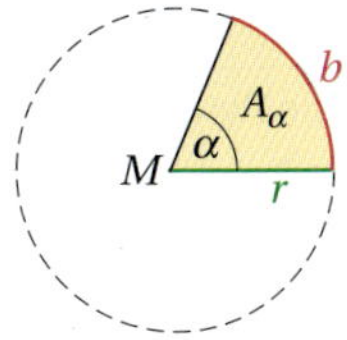

Kreisbogen b

$\frac{b}{u} = \frac{\alpha}{360°}$ $\qquad b = \frac{\pi \cdot r \cdot \alpha}{180°}$

$A_\alpha = \frac{b \cdot r}{2}$

$A_\alpha = \pi \cdot r^2 \cdot \frac{\alpha}{360°}$

Stereometrie

Körper mit ebenen Begrenzungsflächen

V Rauminhalt / Volumen	A_G Grundflächeninhalt	A_D Deckflächeninhalt	h Körperhöhe
A_O Oberflächeninhalt	A_M Mantelflächeninhalt	a, b, c, s Kantenlängen	e Körperdiagonale

Prismen $\qquad V = A_G \cdot h \qquad A_O = 2A_G + A_M$

Quader

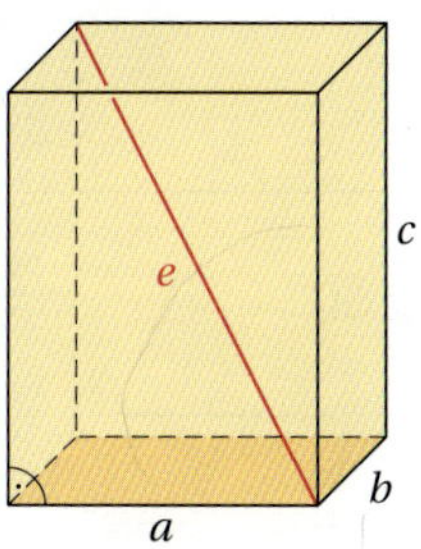

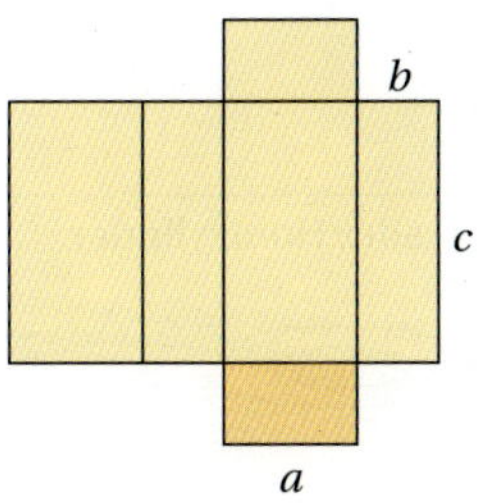

$V = a \cdot b \cdot c$ $\qquad A_G = a \cdot b$

$A_O = 2 \cdot (ab + ac + bc)$ $\qquad e = \sqrt{a^2 + b^2 + c^2}$

Würfel

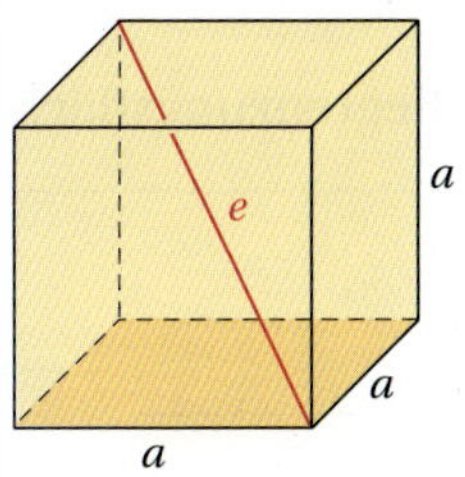

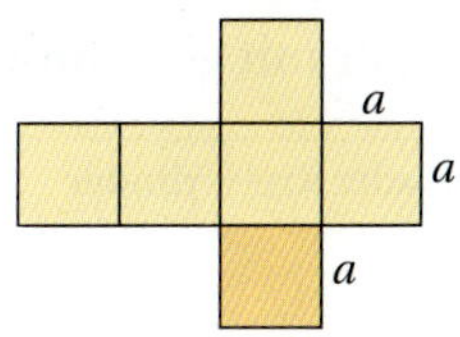

$V = a^3$ $\qquad A_G = a^2$

$A_O = 6 \cdot a^2$ $\qquad e = a \cdot \sqrt{3}$

Prisma mit gleichseitigem Dreieck als Grundfläche

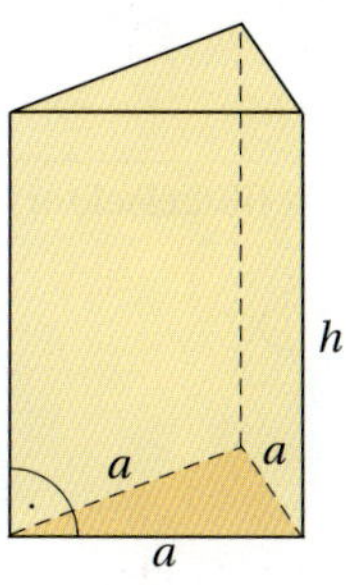

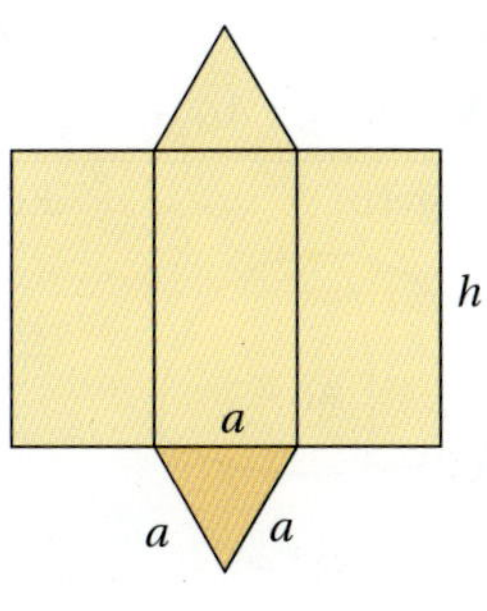

$V = \frac{a^2 \cdot h}{4} \cdot \sqrt{3}$ $\qquad A_G = \frac{a^2}{4} \cdot \sqrt{3}$

$A_O = \frac{a}{2} \cdot (a \cdot \sqrt{3} + 6 \cdot h)$ $\qquad A_M = 3 \cdot a \cdot h$

Prisma mit trapezförmiger Grundfläche

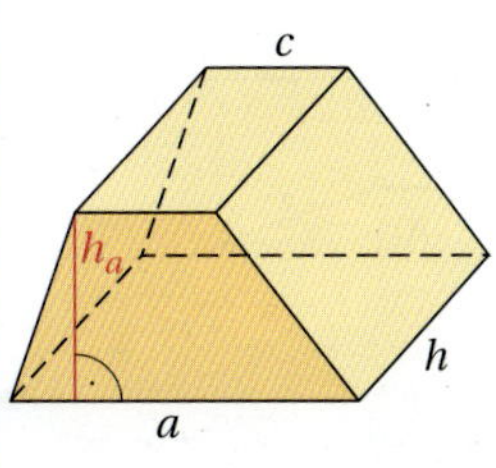

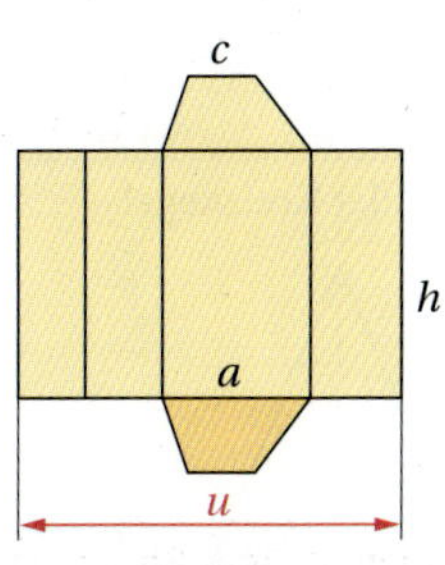

$V = A_G \cdot h$ $\qquad A_G = \frac{a + c}{2} \cdot h_a$

$A_O = 2 \cdot A_G + A_M$ $\qquad A_M = u \cdot h$

Ma

Pyramiden

$V = \frac{1}{3} A_G \cdot h \qquad A_O = A_G + A_M$

gerade quadratische Pyramide

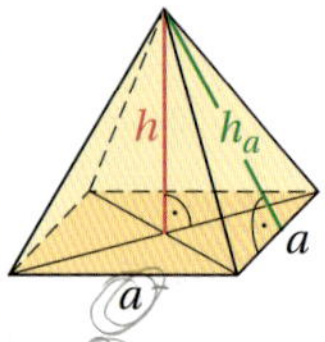

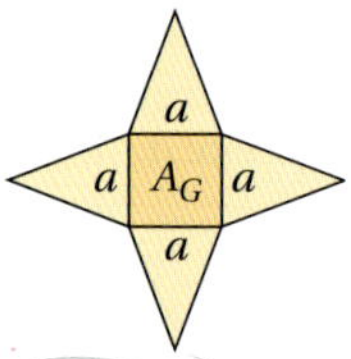

$V = \frac{a^2 \cdot h}{3} \qquad A_G = a^2$

$A_O = a \cdot (a + 2 \cdot h_a) \qquad A_M = 2 \cdot a \cdot h_a$

Tetraeder

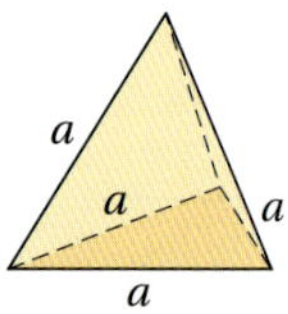

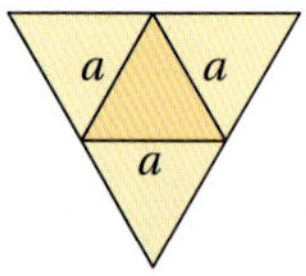

$V = \frac{a^3}{12} \cdot \sqrt{2} \qquad A_O = a^2 \cdot \sqrt{3}$

$A_G = \frac{a^2}{4} \cdot \sqrt{3} \qquad A_M = \frac{3a^2}{4} \cdot \sqrt{3}$

Pyramidenstümpfe

$V = \frac{h}{3} \cdot (A_G + \sqrt{A_G \cdot A_D} + A_D) \qquad A_O = A_G + A_D + A_M$

quadratischer Pyramidenstumpf

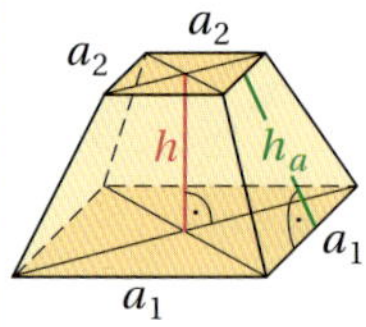

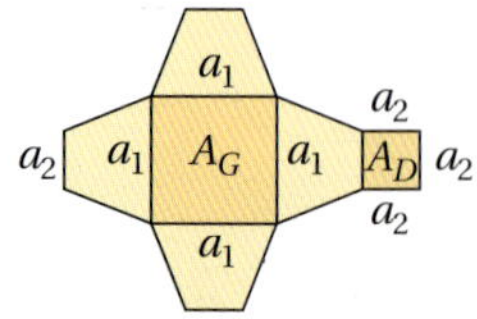

$V = \frac{h}{3} \cdot (a_1{}^2 + a_1 a_2 + a_2{}^2) \qquad A_G = a_1{}^2 \qquad A_D = a_2{}^2$

$A_O = a_1{}^2 + 2(a_1 + a_2)h_a + a_2{}^2 \qquad A_M = 2 \cdot (a_1 + a_2) \cdot h_a$

regelmäßiger dreiseitiger Pyramidenstumpf

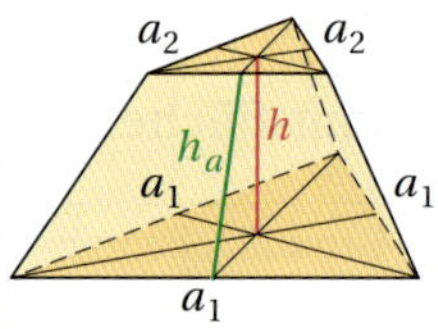

$A_G = \frac{a^2}{4} \cdot \sqrt{3}$

$A_M = \frac{3}{2} \cdot (a_1 + a_2) \cdot h_a$

$V = \frac{\sqrt{3}}{12} \cdot h \cdot (a_1{}^2 + a_1 a_2 + a_2{}^2)$

$A_O = \frac{\sqrt{3}}{4} (a_1{}^2 + a_2{}^2) + \frac{3}{2} (a_1 + a_2) \cdot h_a$

Körper mit gekrümmten Begrenzungsflächen

gerader Kreiszylinder

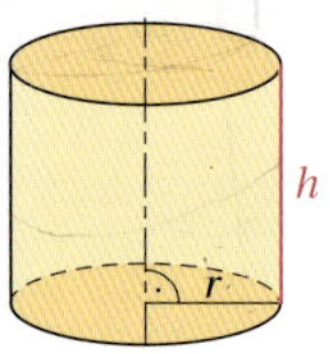

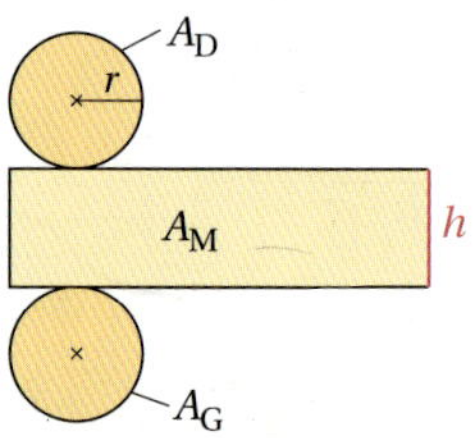

$V = A_G \cdot h \qquad A_O = 2 \cdot A_G + A_M$

$A_G = \pi \cdot r^2 \qquad A_M = 2\pi \cdot r \cdot h$

gerader Hohlzylinder

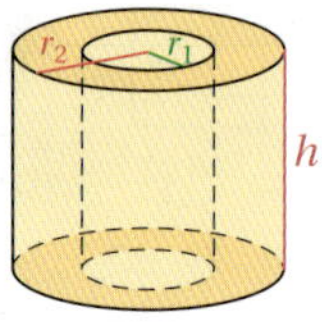

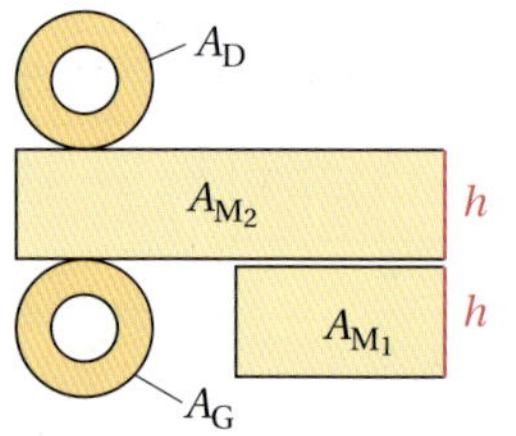

$V = A_G \cdot h \qquad r_2 > r_1$

$A_G = \pi \cdot (r_2{}^2 - r_1{}^2) \qquad A_{M_1} = 2\pi \cdot r_1 \cdot h$

$A_O = 2 \cdot A_G + A_{M_1} + A_{M_2} \qquad A_{M_2} = 2\pi \cdot r_2 \cdot h$

gerader Kreiskegel

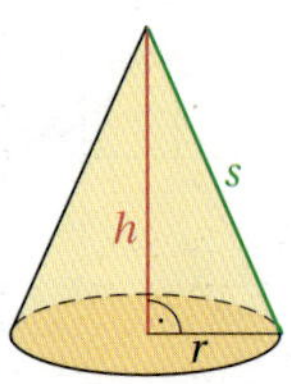

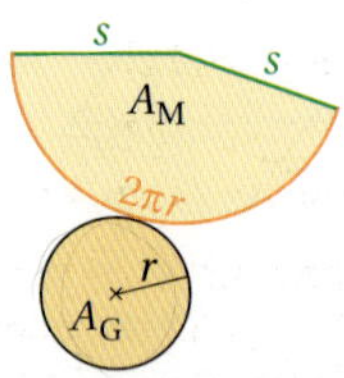

$V = \frac{\pi \cdot r^2 \cdot h}{3} \qquad A_O = A_G + A_M$

$A_G = \pi \cdot r^2 \qquad A_M = \pi \cdot r \cdot s$

Kugel

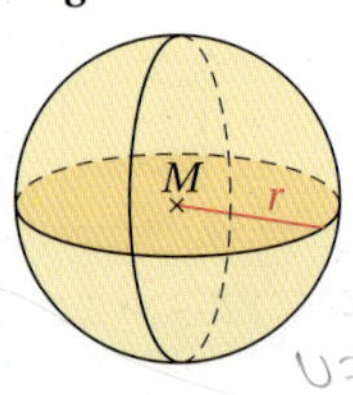

$V = \frac{4\pi \cdot r^3}{3}$

$A_O = 4 \cdot \pi \cdot r^2$

Kugelausschnitt (Kugelsektor)

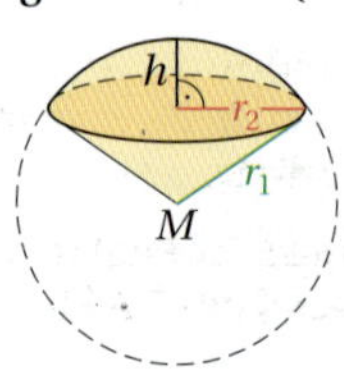

$V = \frac{2\pi \cdot r_1^2 \cdot h}{3}$

$A_O = \pi \cdot r_1 \cdot r_2 + 2\pi \cdot r_1 \cdot h$

Darstellende Geometrie

Parallelprojektionen

senkrechte Zweitafelprojektion

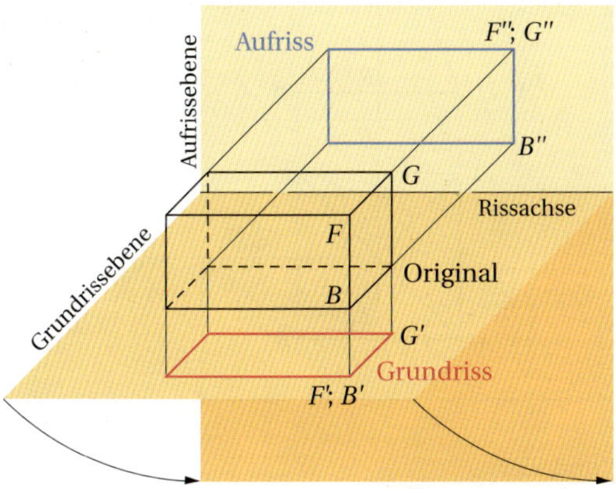

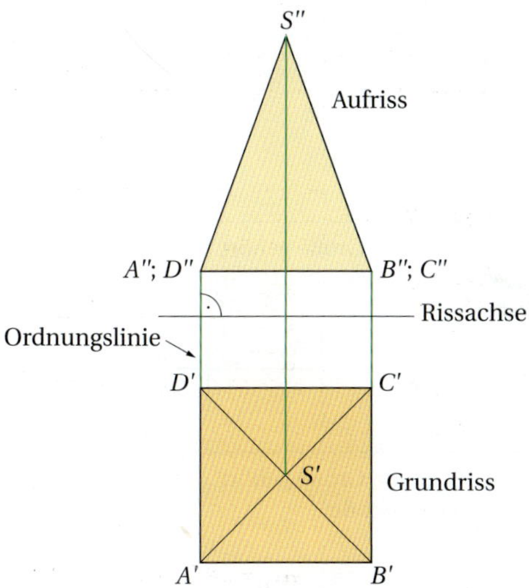

Eigenschaften:

(1) **Grund- und Aufriss** ein und desselben Punktes liegen auf einer Senkrechten zur **Rissachse**, der **Ordnungslinie.**

(2) Der Abstand des Punktes P' von der Rissachse gibt den Abstand des Punktes P von der **Aufrissebene** an.

(3) Der Abstand des Punktes P'' von der Rissachse gibt den Abstand des Punktes P von der **Grundrissebene** an.

Kavalierperspektive (Schrägbild)

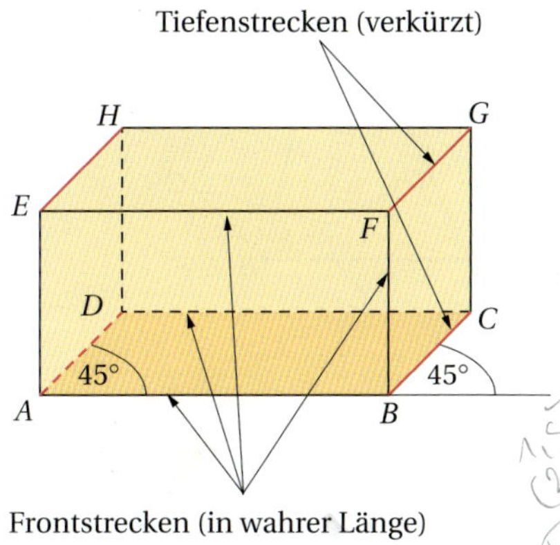

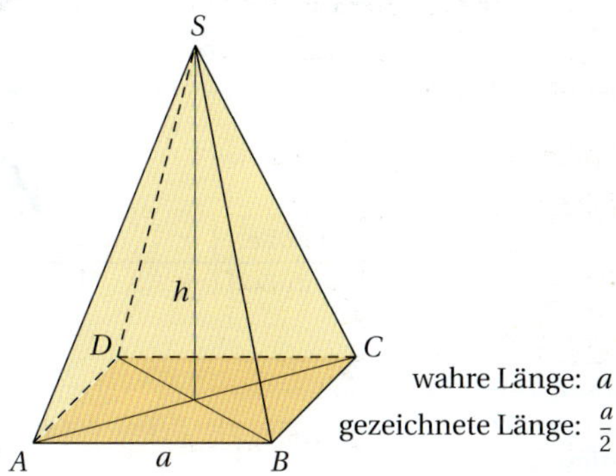

wahre Länge: a
gezeichnete Länge: $\frac{a}{2}$

Eigenschaften:

(1) **Verzerrungswinkel** $\alpha = 45°$

(2) **Verkürzungsverhältnis** (Verzerrungsverhältnis) $q = \frac{1}{2}$

(3) Höhen und Breiten (Frontstrecken) bleiben in wahrer Länge, Tiefen werden auf die Hälfte verkürzt (Tiefenstrecken werden halbiert).

(4) Die Schrägbilder paralleler Geraden sind wieder parallele Geraden.

Ma

wahre Länge einer Strecke

gesucht: wahre Länge von $\overline{ES}$ ($\overline{E_0 S_0}$)

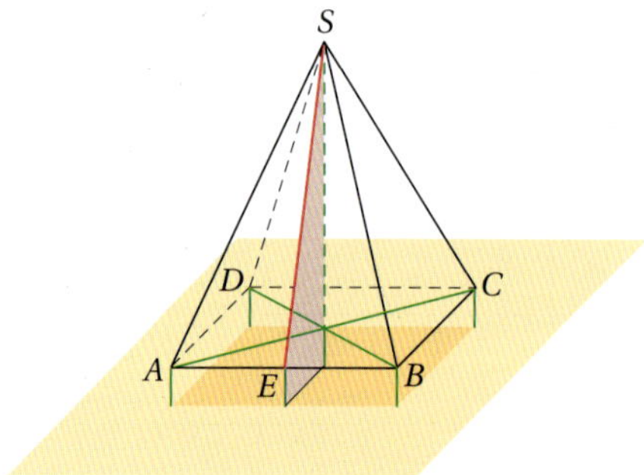

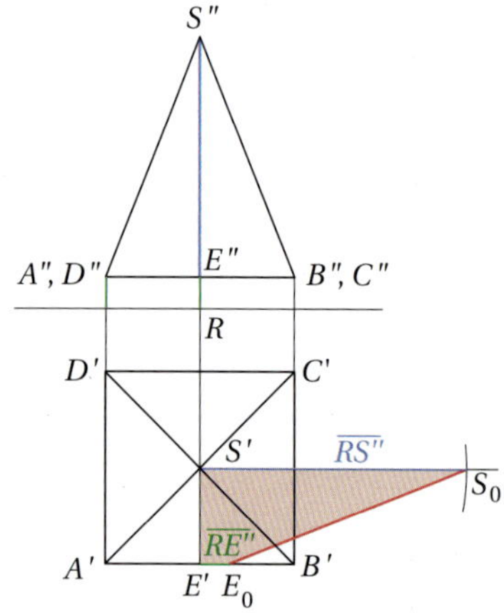

Vorgehen:

(1) Errichten der Senkrechten zu $\overline{E'S'}$ in den Punkten E' und S'.

(2) Abtragen der Höhen $\overline{RE''}$ bzw. $\overline{RS''}$ auf den entsprechenden Senkrechten in E' und S'. Man erhält die Punkte E_0 und S_0.

(3) Verbinden der Punkte E_0 und S_0. Die Länge der Strecke $\overline{E_0 S_0}$ ist gleich der wahren Länge von $\overline{ES}$.

Funktionen

Zuordnung und Funktionsbegriff

<table>
<tr><td>proportionale Zuordnung</td><td>Zum 2-Fachen (3-Fachen, 4-Fachen, …) der ersten Größe gehört das 2-Fache (3-Fache, 4-Fache, …) der zweiten Größe.
<table>
<tr><td>1. Größe</td><td>x</td><td>$2x$</td><td>$3x$</td><td>$4x$</td><td>$5x$</td><td>…</td></tr>
<tr><td>2. Größe</td><td>y</td><td>$2y$</td><td>$3y$</td><td>$4y$</td><td>$5y$</td><td>…</td></tr>
</table></td></tr>
<tr><td>umgekehrt proportionale Zuordnung</td><td>Zum 2-Fachen (3-Fachen, 4-Fachen, …) der ersten Größe gehört die Hälfte (der 3. Teil, der 4. Teil, …) der zweiten Größe.
<table>
<tr><td>1. Größe</td><td>x</td><td>$2x$</td><td>$3x$</td><td>$4x$</td><td>$5x$</td><td>…</td></tr>
<tr><td>2. Größe</td><td>y</td><td>$\frac{1}{2}y$</td><td>$\frac{1}{3}y$</td><td>$\frac{1}{4}y$</td><td>$\frac{1}{5}y$</td><td>…</td></tr>
</table></td></tr>
<tr><td>Funktion

DB
WB
$y = f(x), y = g(x), \ldots$
$x \mapsto f(x)$</td><td>Eindeutige Zuordnung, bei der zu je einem Element aus der ersten Menge DB genau ein (ein und nur ein) Element aus der zweiten Menge WB gehört.
Definitionsbereich; die Elemente $x \in$ DB heißen Argumente der Funktion.
Wertebereich; die Elemente $y \in$ WB heißen Funktionswerte der Funktion.
Schreibweisen für die Zuordnungsvorschrift
Kurzsprechweise für „Funktion f mit der Gleichung $y = f(x)$“: Funktion $y = f(x)$</td></tr>
<tr><td>Nullstelle der Funktion</td><td>$x_i \in$ DB mit $f(x_i) = 0$ (alle x, für die $f(x) = 0$ ist)</td></tr>
</table>

Lineare Funktionen

$y = f(x) = mx \quad (m \neq 0)$	DB: $-\infty < x < +\infty$ WB: $-\infty < y < +\infty$ Graph: Gerade durch $O(0\mid 0)$ m: Steigungsfaktor (Anstieg) $m_1 > 0$ steigende Gerade $m_2 < 0$ fallende Gerade Wegen $m = \frac{y}{x} = \frac{2y}{2x} = \frac{3y}{3x} = \ldots$ beschreibt die Gleichung $y = f(x) = mx$ einen **proportionalen Zusammenhang.** Man nennt $y = f(x) = mx$ eine **proportionale Funktion.** 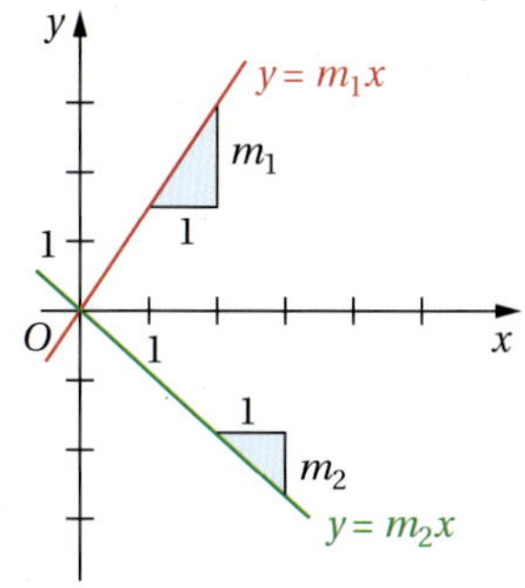
$y = f(x) = mx + n$ $(m \neq 0)$ **konstante Funktion**	DB: $-\infty < x < +\infty$ WB: $-\infty < y < +\infty$ Graph: Gerade mit der Steigung m, welche die y-Achse im Punkt $S(0\mid n)$ schneidet. n: y-Achsenabschnitt der Geraden (Ordinatenabschnitt) Nullstelle: $x_0 = -\frac{n}{m}$ 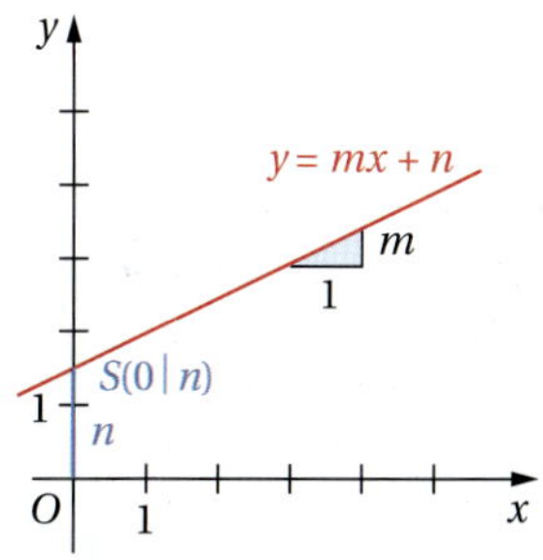 **Steigung (Anstieg)** m der Geraden g durch die Punkte $P_1(x_1\mid y_1)$ und $P_2(x_2\mid y_2)$ $m = \frac{y_2 - y_1}{x_2 - x_1} \quad (x_1 \neq x_2)$ wenn $m = 0$, dann $y_1 = y_2$ 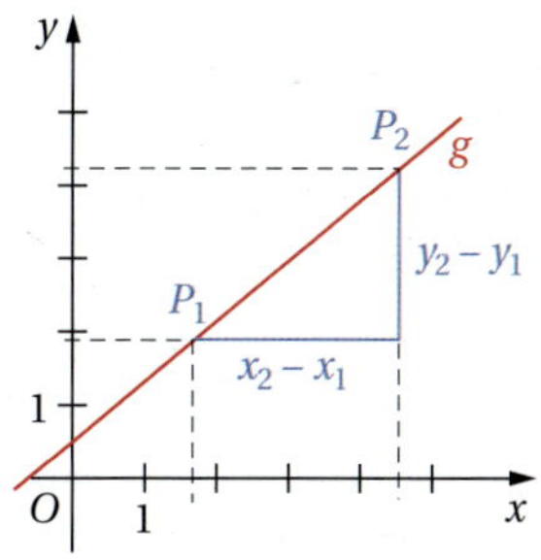

Quadratische Funktionen

allgemeine Form $y = f(x) = ax^2 + bx + c$	$(a, b, c \in \mathbb{R};\ a \neq 0)$
$y = f(x) = x^2$	DB: $-\infty < x < +\infty$ WB: $0 \leq y < +\infty$ Graph: **Normalparabel** Die Normalparabel ist nach oben geöffnet. **Scheitelpunkt:** $S(0\mid 0)$ Symmetrieachse: y-Achse 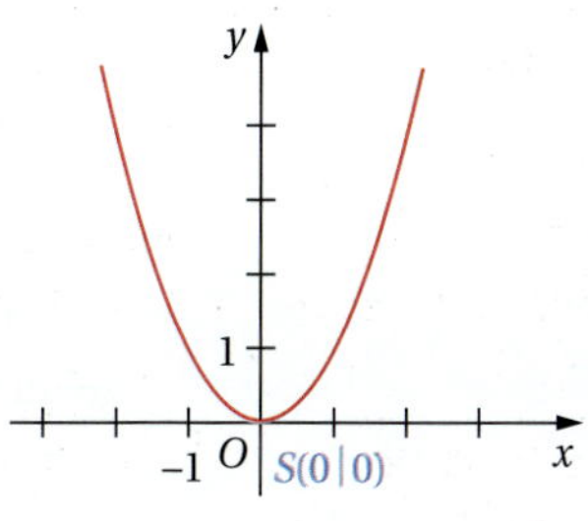

$y = f(x) = ax^2$

DB: $-\infty < x < +\infty$

WB: für $a > 0$ $0 \leq y < +\infty$
für $a < 0$ $-\infty < y \leq 0$

Scheitelpunkt: $S(0 \mid 0)$

Öffnung der Parabel:

$a > 0$ Parabel nach oben geöffnet
$a < 0$ Parabel nach unten geöffnet

Form der Parabel bezüglich $y = x^2$:

$a > 1$ Streckung auf das a-Fache in Richtung der y-Achse

$0 < a < 1$ Stauchung auf das a-Fache in Richtung der y-Achse

$a < 0$ Spiegelung an der x-Achse sowie Streckung ($a < -1$) oder Stauchung ($-1 < a < 0$)

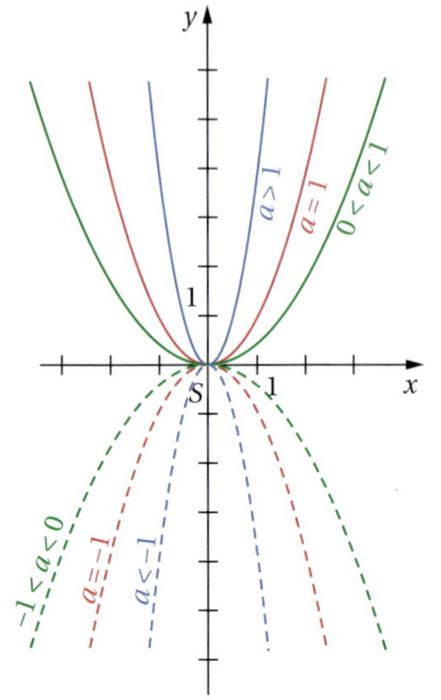

$y = f(x) = x^2 + c$

DB: $-\infty < x < +\infty$

WB: $c < y < +\infty$

Der Summand c bewirkt eine Verschiebung der Parabel um c Einheiten entlang der y-Achse.

Scheitelpunkt: $S(0 \mid c)$

Verschiebung der Parabel bezüglich $y = x^2$:

$c > 0$ Parabel nach oben verschoben

$c < 0$ Parabel nach unten verschoben

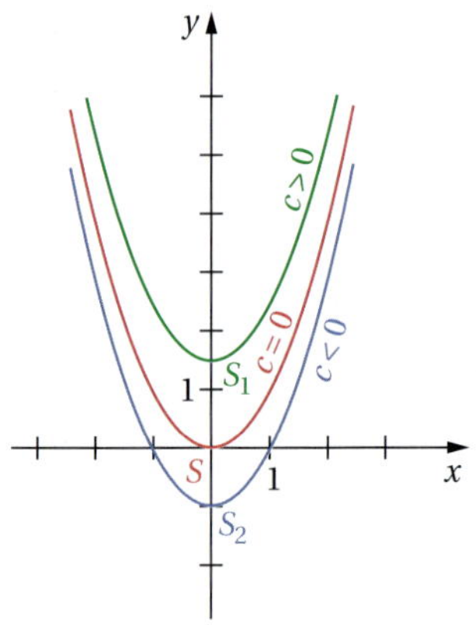

$y = f(x) = x^2 + px + q$
($p, q \in \mathbb{R}$)

hervorgegangen aus allgemeiner Form durch:

$p = \frac{b}{a}$; $q = \frac{c}{a}$

Normalform

DB: $-\infty < x < +\infty$

WB: $q - \frac{p^2}{4} \leq y < +\infty$

Scheitelpunkt: $S\left(-\frac{p}{2} \middle| -\frac{p^2}{4} + \mathrm{q}\right)$

Nullstellen: $x_{1;2} = -\frac{p}{2} \pm \sqrt{\left(\frac{p}{2}\right)^2 - q}$

Diskriminante: $D = \left(\frac{p}{2}\right)^2 - q$

$D > 0$	$D = 0$	$D < 0$	
zwei	eine	keine	Nullstelle

Scheitelpunktform

$y = (x + d)^2 + e$ $S(-d \mid e)$

Sonderfälle

$y = x^2$ $S(0 \mid 0)$
$y = (x + d)^2$ $S(-d \mid 0)$

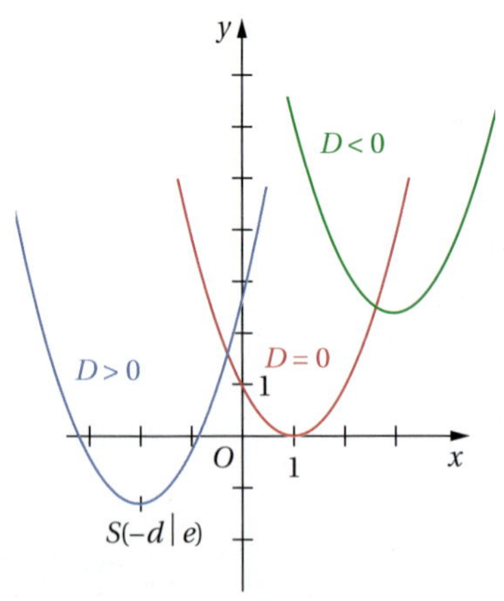

Umgekehrt proportionale Funktionen

$y = f(x) = \frac{k}{x}$ $(x \neq 0)$

DB:	$-\infty < x < +\infty$; $x \neq 0$
WB:	$-\infty < y < +\infty$; $y \neq 0$
Graph:	Gekrümmte Linie, die beide Achsen des Koordinatensystems weder berührt noch schneidet, sich ihnen aber immer mehr nähert (**Hyperbel**)

Wegen $k = x \cdot y = 2x \cdot \frac{1}{2} y = 3x \cdot \frac{1}{3} y = \ldots$ nennt man $y = f(x) = \frac{k}{x}$ eine **umgekehrt proportionale Funktion.**

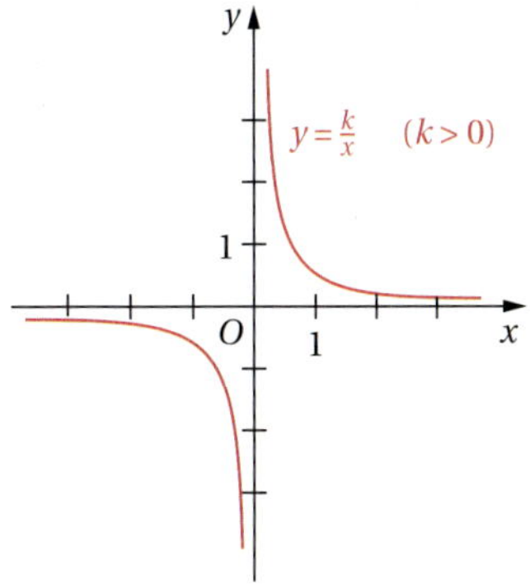

Potenzfunktionen

$y = f(x) = x^n$ $(n \in \mathbb{Z})$ Potenzfunktion n-ten Grades

$n > 0$

n gerade Zahl

DB: $-\infty < x < +\infty$
WB: $0 \leq y < +\infty$

Nullstelle: $x_0 = 0$
gemeinsame Punkte aller Graphen: $(-1 \mid 1)$, $(0 \mid 0)$, $(1 \mid 1)$

n ungerade Zahl

DB: $-\infty < x < +\infty$
WB: $-\infty < y < +\infty$

Nullstelle: $x_0 = 0$
gemeinsame Punkte aller Graphen: $(-1 \mid -1)$, $(0 \mid 0)$, $(1 \mid 1)$

Der Graph dieser Funktionen ist eine **Parabel** 2., 3., …, n-ten Grades.

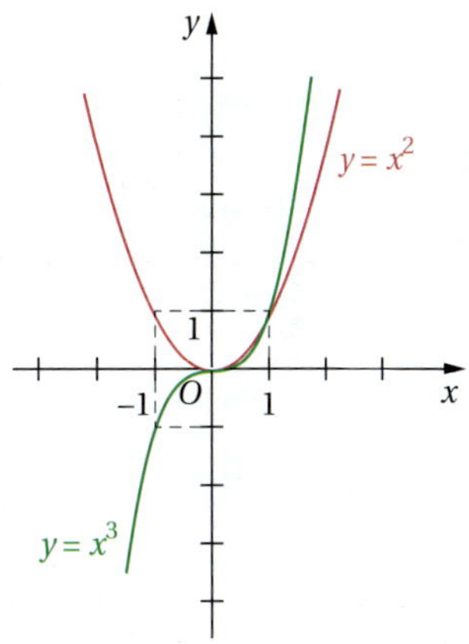

$n < 0$

n gerade Zahl

DB: $-\infty < x < +\infty$; $x \neq 0$
WB: $0 < y < +\infty$

Nullstelle: keine
gemeinsame Punkte aller Graphen: $(-1 \mid 1)$, $(1 \mid 1)$

n ungerade Zahl

DB: $-\infty < x < +\infty$; $x \neq 0$
WB: $-\infty < y < +\infty$; $y \neq 0$

Nullstelle: keine
gemeinsame Punkte aller Graphen: $(-1 \mid -1)$, $(1 \mid 1)$

Die Graphen dieser Funktionen sind **Hyperbeln** mit jeweils zwei Ästen.

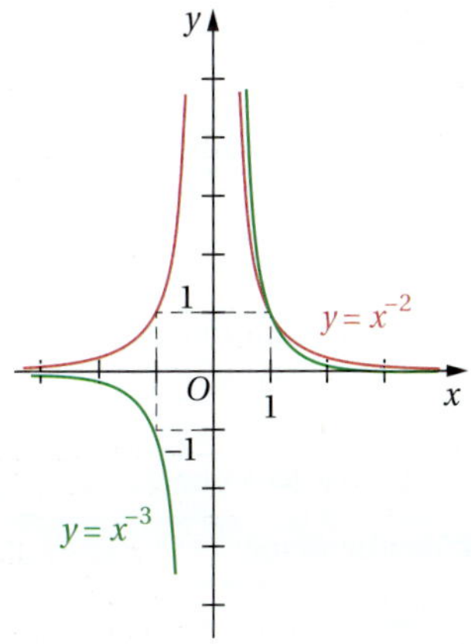

Wurzelfunktionen

Die Funktionen $y = f(x) = \sqrt[n]{x}$ $(n \in \mathbb{N}^* \setminus \{1\})$ sind **nichtrationale Funktionen**.

DB: $0 \leq x < +\infty$
WB: $0 \leq y < +\infty$

Nullstelle: $x_0 = 0$

gemeinsame Punkte der Graphen:
$(0 \mid 0)$, $(1 \mid 1)$

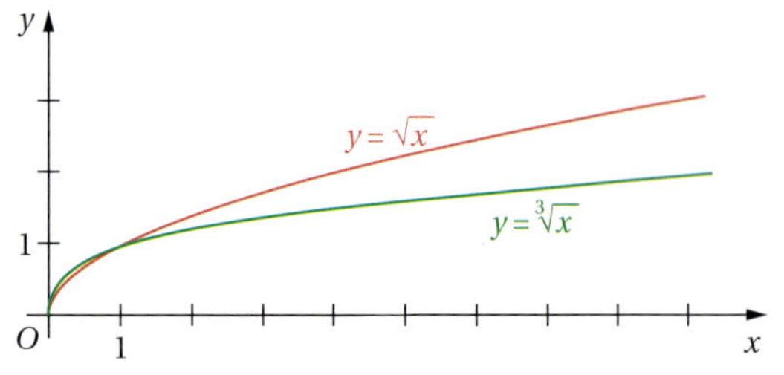

Winkelfunktionen

Winkelmaße	
Gradmaß	Größe des Winkels α (β, γ, …) im Verhältnis zum Vollwinkel Einheit: 1° (ein Grad); Vollwinkel 360°; rechter Winkel 90° Unterteilung: Dezimal oder Minute (1° = 60') und Sekunde (1' = 60")
Bogenmaß	Größe des (Zentri-)Winkels x (y, z, …) als Verhältnis von Bogenlänge b zum Radius r; $x = \text{arc}\ \alpha$ Einheit: 1 rad (ein Radiant); x hat die Größe 1 rad, wenn $b = r$
Umrechnungen Grad/Bogenmaß	$1° \approx 0{,}01745$ rad $1\ \text{rad} \approx 57{,}296°$ $\frac{\alpha}{\text{arc}\ \alpha} = \frac{180°}{\pi}$ $\alpha = \frac{180° \cdot \text{arc}\ \alpha}{\pi}$ $\text{arc}\ \alpha = \frac{\alpha \cdot \pi}{180°}$
Neugrad	Größe des Winkels α (β, γ, …) im Verhältnis zum Vollwinkel Einheit: 1^g (1 Gon); Vollwinkel 400^g; rechter Winkel 100^g

Definition von Winkelfunktionen

am rechtwinkligen Dreieck

$0° < \alpha < 90°$

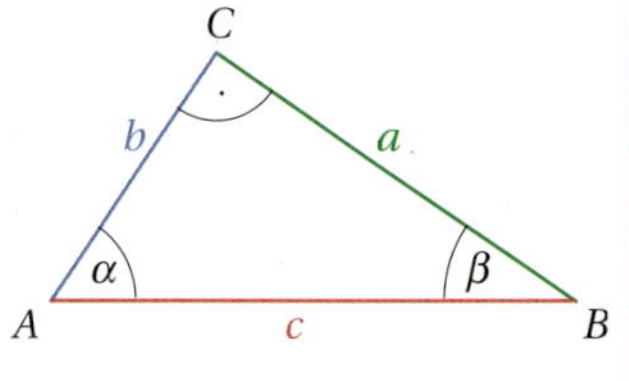

$\sin\alpha = \frac{a}{c} = \frac{\text{Gegenkathete}}{\text{Hypotenuse}}$

$\cos\alpha = \frac{b}{c} = \frac{\text{Ankathete}}{\text{Hypotenuse}}$

$\tan\alpha = \frac{a}{b} = \frac{\text{Gegenkathete}}{\text{Ankathete}}$

$\cot\alpha = \frac{b}{a} = \frac{\text{Ankathete}}{\text{Gegenkathete}}$

am Kreis mit dem Radius *r*

Der freie Schenkel des Winkels der Größe x schneidet den Kreis im Punkt $P(u; v)$.

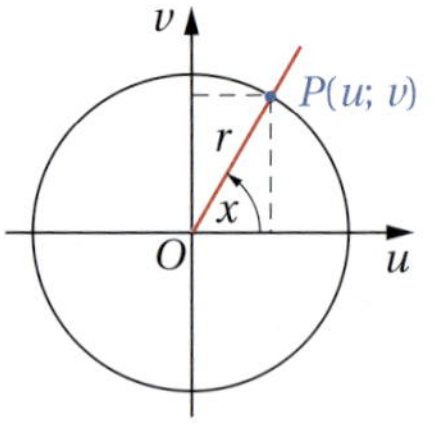

$\sin x = \frac{v}{r}$

$\cos x = \frac{u}{r}$

$\tan x = \frac{v}{u}$ (für alle $x \neq \frac{\pi}{2} + k\pi$, $k \in \mathbb{Z}$)

$\cot x = \frac{u}{v}$ (für alle $x \neq k\pi$, $k \in \mathbb{Z}$)

Additionstheoreme

$\sin(\alpha \pm \beta) = \sin\alpha\cos\beta \pm \cos\alpha\sin\beta$ $\cos(\alpha \pm \beta) = \cos\alpha\cos\beta \mp \sin\alpha\sin\beta$ $\tan(\alpha \pm \beta) = \frac{\tan\alpha \pm \tan\beta}{1 \mp \tan\alpha \cdot \tan\beta}$

Ma

Zusammenhänge zwischen Winkelfunktionen

Nenner ≠ 0

Für jeden Winkel α gilt:

$\sin^2\alpha + \cos^2\alpha = 1$ $\tan\alpha \cdot \cot\alpha = 1$

$\tan\alpha = \frac{\sin\alpha}{\cos\alpha}$ $\cot\alpha = \frac{\cos\alpha}{\sin\alpha}$

$1 + \tan^2\alpha = \frac{1}{\cos^2\alpha}$ $1 + \cot^2\alpha = \frac{1}{\sin^2\alpha}$

Für beliebige Winkel α gilt:

	$90° \pm \alpha$	$180° \pm \alpha$	$270° \pm \alpha$	$360° \pm \alpha$	$-\alpha$
sin	$+\cos\alpha$	$\mp\sin\alpha$	$-\cos\alpha$	$\pm\sin\alpha$	$-\sin\alpha$
cos	$\mp\sin\alpha$	$-\cos\alpha$	$\pm\sin\alpha$	$+\cos\alpha$	$+\cos\alpha$
tan	$\mp\cot\alpha$	$\pm\tan\alpha$	$\mp\cot\alpha$	$\pm\tan\alpha$	$-\tan\alpha$
cot	$\mp\tan\alpha$	$\pm\cot\alpha$	$\mp\tan\alpha$	$\pm\cot\alpha$	$-\cot\alpha$

Periodizität der Sinus- und Kosinusfunktion

$\sin(x + k \cdot 360°) = \sin x \ (k \in \mathbb{Z})$; $\sin(-x) = -\sin x$; $\cos(x + k \cdot 360°) = \cos x \ (k \in \mathbb{Z})$; $\cos(-x) = \cos x$

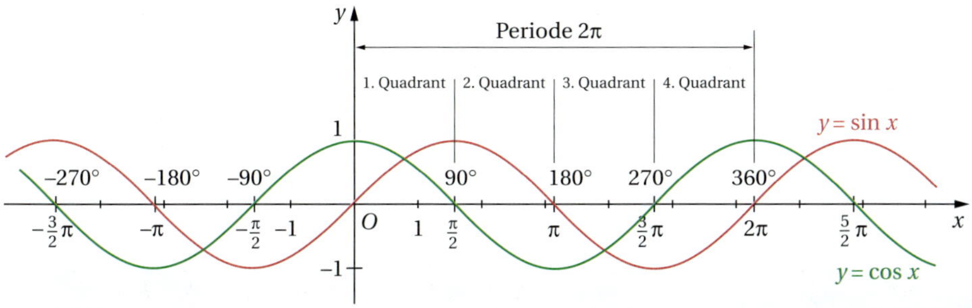

Eigenschaften von Winkelfunktionen

Sinusfunktion
$y = f(x) = \sin x$

DB: $-\infty < x < +\infty$
WB: $-1 \le y \le 1$
Nullstellen: $x_k = k\pi;\ k \in \mathbb{Z}$
Periode: 2π
$\sin(x + 2k\pi) = \sin x$

$y = f(x) = a \sin x$

DB: $-\infty < x < +\infty$
WB: $-a \le y \le a$

$y = f(x) = \sin bx$
$y = f(x) = a \sin bx$

Nullstellen: $x_k = \frac{k\pi}{b}$
Periode: $\frac{2\pi}{|b|}$

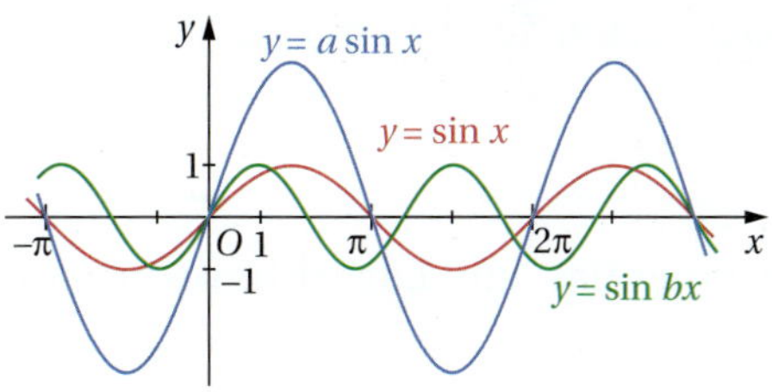

Kosinusfunktion
$y = f(x) = \cos x$

DB: $-\infty < x < +\infty$
WB: $-1 \le y \le 1$
Nullstellen: $x_k = (2k+1)\frac{\pi}{2};\ k \in \mathbb{Z}$
Periode: 2π
$\cos(x + 2k\pi) = \cos x$

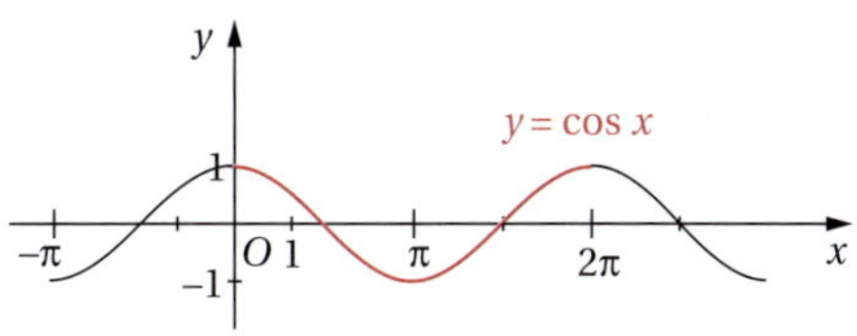

Tangensfunktion
$y = f(x) = \tan x$

DB: $-\infty < x < +\infty$
$x \ne (2k+1)\frac{\pi}{2};\ k \in \mathbb{Z}$
WB: $-\infty < y < +\infty$
Nullstellen: $x_k = k\pi;\ k \in \mathbb{Z}$
Periode: π
$\tan(x + k\pi) = \tan x$

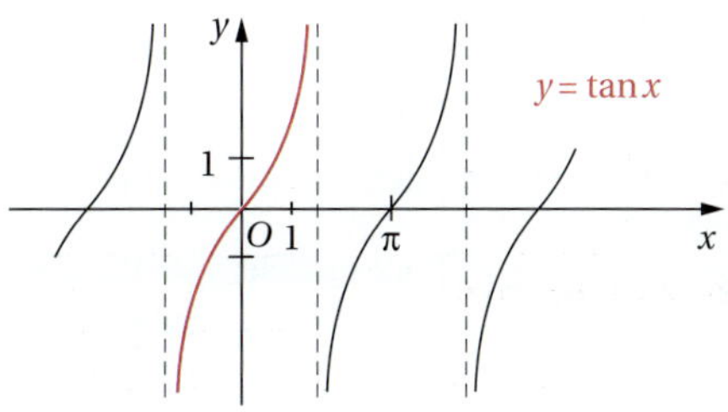

Winkelfunktionswerte für spezielle Argumente									
	0° 0	30° $\frac{\pi}{6}$	45° $\frac{\pi}{4}$	60° $\frac{\pi}{3}$	90° $\frac{\pi}{2}$	120° $\frac{2\pi}{3}$	135° $\frac{3\pi}{4}$	150° $\frac{5\pi}{6}$	180° π
$y = \sin x$	0	$\frac{1}{2}$	$\frac{1}{2}\sqrt{2}$	$\frac{1}{2}\sqrt{3}$	1	$\frac{1}{2}\sqrt{3}$	$\frac{1}{2}\sqrt{2}$	$\frac{1}{2}$	0
$y = \cos x$	1	$\frac{1}{2}\sqrt{3}$	$\frac{1}{2}\sqrt{2}$	$\frac{1}{2}$	0	$-\frac{1}{2}$	$-\frac{1}{2}\sqrt{2}$	$-\frac{1}{2}\sqrt{3}$	-1
$y = \tan x$	0	$\frac{1}{3}\sqrt{3}$	1	$\sqrt{3}$	–	$-\sqrt{3}$	-1	$-\frac{1}{3}\sqrt{3}$	0

Vorzeichen von Winkelfunktionswerten für Argumente aus den vier Quadranten				
Quadrant / Funktion	I	II	III	IV
$y = \sin x$	+	+	–	–
$y = \cos x$	+	–	–	+
$y = \tan x$	+	–	+	–

Anwendungen von Winkelfunktionen bei Dreiecksberechnungen

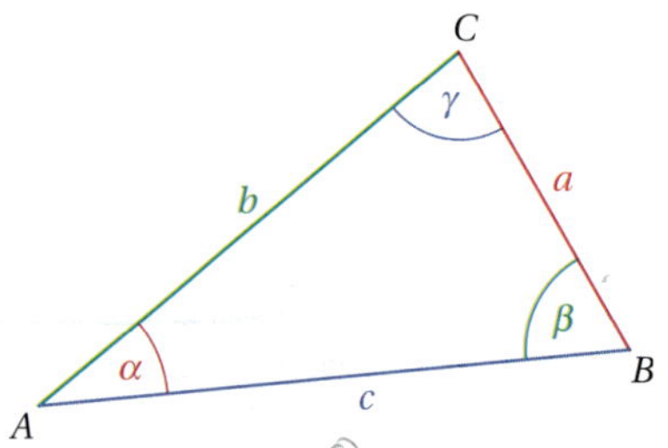

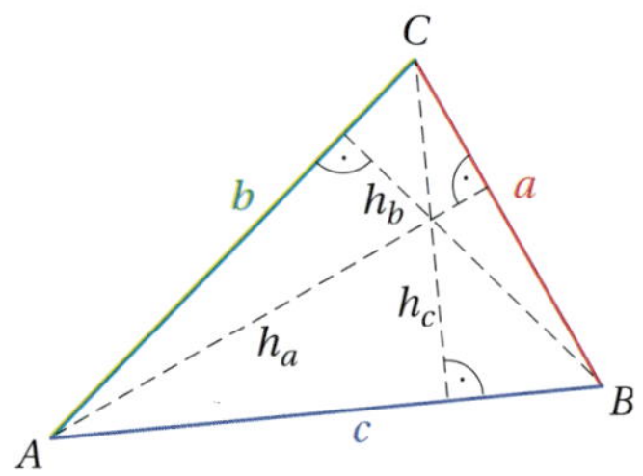

Sinussatz	$\frac{a}{b} = \frac{\sin\alpha}{\sin\beta}$	$\frac{b}{c} = \frac{\sin\beta}{\sin\gamma}$	$\frac{a}{c} = \frac{\sin\alpha}{\sin\gamma}$
Kosinussatz	$a^2 = b^2 + c^2 - 2bc\cdot\cos\alpha$	$b^2 = a^2 + c^2 - 2ac\cdot\cos\beta$	$c^2 = a^2 + b^2 - 2ab\cdot\cos\gamma$
Flächeninhalt	$A = \frac{1}{2}\,ab\cdot\sin\gamma = \frac{1}{2}\,bc\cdot\sin\alpha = \frac{1}{2}\,ac\cdot\sin\beta = 2r^2\cdot\sin\alpha\cdot\sin\beta\cdot\sin\gamma$		r Umkreisradius
Höhen	$h_a = b\cdot\sin\gamma = c\cdot\sin\beta$	$h_b = a\cdot\sin\gamma = c\cdot\sin\alpha$	$h_c = b\cdot\sin\alpha = a\cdot\sin\beta$

Exponential- und Logarithmusfunktionen

Exponentialfunktionen $y = f(x) = a^x$ $(a \in \mathbb{R},\ a > 0,\ a \neq 1)$	DB: $-\infty < x < +\infty$ WB: $0 < y < +\infty$ Nullstellen: keine gemeinsamer Punkt aller Graphen: $(0 \mid 1)$ Spezialfall: $y = \mathrm{e}^x$ $y = f(x) = \lg x$ ist Umkehrfunktion von $y = g(x) = 10^x$.
Logarithmusfunktionen $y = f(x) = \log_a x$ $(a \in \mathbb{R},\ a > 0,\ a \neq 1)$	DB: $0 < x < +\infty$ WB: $-\infty < y < +\infty$ Nullstelle: $x_0 = 1$ gemeinsamer Punkt aller Graphen: $(1 \mid 0)$ Spezialfälle: $y = \log_{10} x = \lg x$ $y = \log_{\mathrm{e}} x = \ln x$ $y = \log_2 x = \mathrm{lb}\ x$

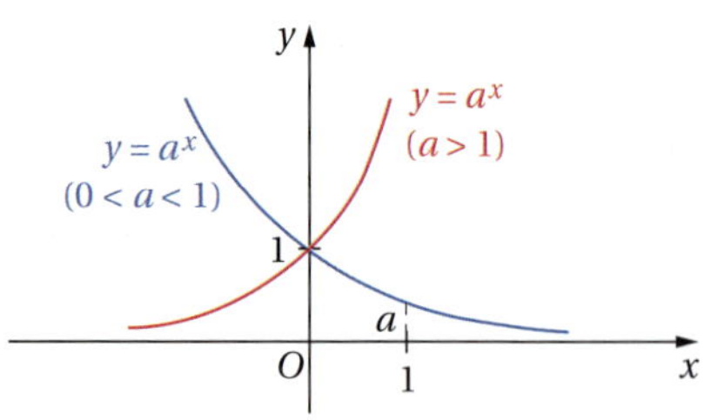

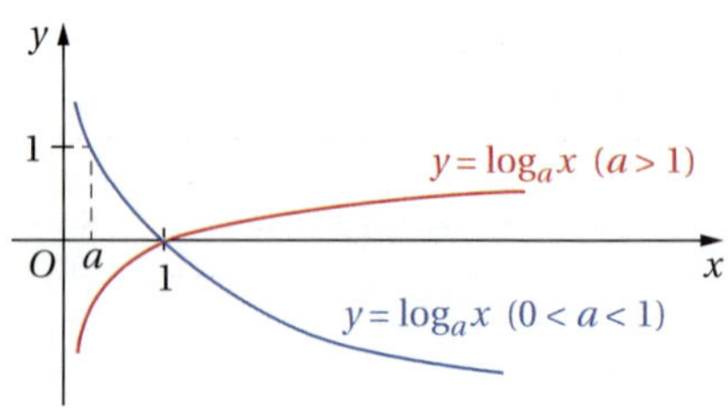

Kombinatorik

Fakultät, Binomialkoeffizient

Fakultät $n!$ (*sprich:* „n **Fakultät**“) $n!$ ist das Produkt aller natürlichen Zahlen von 1 bis n.				
$n! = 1 \cdot 2 \cdot 3 \cdot \ldots \cdot (n-1) \cdot n$	$0! = 1$	$1! = 1$	$(n+1)! = n! \cdot (n+1)$	$n \in \mathbb{N}^*$
Binomialkoeffizient $\binom{n}{k}$ $\binom{n}{k}$ (*gesprochen:* n **über** k) mit $k, n \in \mathbb{N}$; $k \leq n$ ist der Quotient $\binom{n}{k} = \frac{n \cdot (n-1) \cdot (n-2) \cdot \ldots \cdot [n-(k-1)]}{1 \cdot 2 \cdot 3 \cdot \ldots \cdot k} = \frac{n!}{k!(n-k)!}$				
$\binom{n}{0} = 1$	$\binom{n}{1} = n$	$\binom{n}{k} = \binom{n}{n-k}$		$k, n \in \mathbb{N}$

Binomischer Satz

$$(a+b)^n = \binom{n}{0} a^n + \binom{n}{1} a^{n-1} b + \binom{n}{2} a^{n-2} b^2 + \ldots + \binom{n}{n-1} a b^{n-1} + \binom{n}{n} b^n \qquad a, b \in \mathbb{R};\ n \in \mathbb{N}$$

Gleichungen:	Binomialkoeffizienten (pascalsches Zahlendreieck)
$(a+b)^0 = 1$	1
$(a+b)^1 = a + b$	1 1
$(a+b)^2 = a^2 + 2ab + b^2$	1 2 1
$(a+b)^3 = a^3 + 3a^2b + 3ab^2 + b^3$	1 3 3 1

Permutationen, Variationen, Kombinationen

Permutation	
Jede mögliche Anordnung von allen n Elementen einer Menge heißt **Permutation** dieser Elemente. Für n verschiedene Elemente gibt es $n!$ solcher Anordnungsmöglichkeiten. $P_n = n!$	Hat die Menge n Elemente und sind darunter $k_1, k_2, k_3, \ldots, k_r$ gleiche Elemente, so gibt es $\overline{P_n} = \frac{n!}{k_1! \cdot k_2! \cdot \ldots \cdot k_r!}$ Anordnungsmöglichkeiten. Dabei gilt: $k_1 + k_2 + \ldots + k_r = n$
Variation	
Jede mögliche Anordnung (*mit* Berücksichtigung der *Reihenfolge*) aus je k von n Elementen einer Menge heißt **Variation** dieser Elemente (Variation von n Elementen zur k-ten Klasse).	
k aus n Elementen (*ohne* Wiederholung): $V_n^k = \frac{n!}{(n-k)!} = \binom{n}{k} k!$	k aus n Elementen (*mit* Wiederholung) $\overline{V_n^k} = n^k$
Kombination	
Jede mögliche Anordnung (*ohne* Berücksichtigung der *Reihenfolge*) aus jeweils k von n Elementen einer Menge heißt **Kombination** dieser Elemente (Kombination von n Elementen zur k-ten Klasse).	
k aus n Elementen (*ohne* Wiederholung): $C_n^k = \binom{n}{k}$	k aus n Elementen (*mit* Wiederholung): $\overline{C_n^k} = \binom{n+k-1}{k}$

Ma

Möglichkeiten beim Ziehen von Kugeln aus Urnen

Ziehen mit Zurücklegen	Ziehen ohne Zurücklegen	Ziehen mit einem Griff
Aus n Kugeln k-mal eine Kugel *mit* Zurücklegen ziehen: n^k	Aus n Kugeln k-mal eine Kugel *ohne* Zurücklegen ziehen: $n \cdot (n-1) \cdot (n-2) \cdot \ldots \cdot (n-k+1)$	Aus n Kugeln mit einem Griff k Kugeln ziehen: $\binom{n}{k}$

Wahrscheinlichkeitsrechnung und beschreibende Statistik

Grundlegende Begriffe

Zufallsexperiment (Zufallsversuch, zufälliger Vorgang)	Ein Zufallsexperiment besitzt mindestens zwei mögliche Ergebnisse, von denen bei jeder Durchführung genau eines erzielt wird. Dabei ist nicht vorhersehbar, welches der möglichen Ergebnisse eintreten wird. Ein Zufallsexperiment kann unter einem bestimmten Komplex von Bedingungen (prinzipiell) beliebig oft ablaufen. Mögliche Ergebnisse sind $e_1; e_2; \ldots; e_n$.
Simulation	Durchführung eines Zufallsexperiments anstelle eines anderen unter Zuhilfenahme anderer Mittel. Dabei bleiben die Anzahl der Ergebnisse und deren Wahrscheinlichkeiten gleich. Das Zufallsexperiment muss strukturgleich und wiederholbar sein.
Ergebnismenge Ω (Stichprobenraum S)	Menge aller bei einem bestimmten Zufallsexperiment möglichen Ergebnisse $\Omega = \{e_1; e_2; \ldots; e_n\}$ oder $S = \{e_1; e_2; \ldots; e_n\}$
Ereignis	Jede Teilmenge der Ergebnismenge Ω nennt man Ereignis E. Man sagt „das Ereignis E ist eingetreten", wenn das Zufallsexperiment mit einem Ergebnis aus dem Ereignis E endet.
Beschreibung von Ereignissen	Ereignisse durch Aufzählen der Ergebnisse, durch Beschreiben mit Worten oder durch Beschreiben als Zufallsvariable.
sicheres Ereignis	Ereignis, das bei *jeder* Versuchsdurchführung eintritt $E = \Omega$
unmögliches Ereignis	Ereignis, das bei *keiner* Versuchsdurchführung eintritt $E = \emptyset$
Elementarereignis	Ereignis mit genau einem Element $E = \{a\}$
Gegenereignis	Komplementärmenge $\overline{E}$ von E $E \cup \overline{E} = \Omega$ Ereignis, das genau dann eintritt, wenn E nicht eintritt (↗ S. 31)
absolute Häufigkeit $H_n(E)$ des Eintretens von E	Anzahl des Eintretens von E bei n Versuchsdurchführungen
relative Häufigkeit $h_n(E)$ des Eintretens von E	$h_n(E) = \frac{H_n(E)}{n}$ Verhältnis der Anzahl des Eintretens von E zur Anzahl n aller Versuchsdurchführungen relative Häufigkeit = $\frac{\text{absolute Häufigkeit}}{\text{Gesamtzahl der Versuchsdurchführungen}}$
empirisches Gesetz der großen Zahlen	Führt man ein Zufallsexperiment sehr oft durch, so stabilisieren sich die relativen Häufigkeiten der einzelnen Ergebnisse.

Wahrscheinlichkeit und ihre grundlegenden Eigenschaften

Wahrscheinlichkeit

Bei einer hinreichend großen Anzahl von Versuchen kann die relative Häufigkeit des Eintretens des Ereignisses E als Zahlenwert für die **Wahrscheinlichkeit von E** gewählt werden.

Der Zahlenwert für die Wahrscheinlichkeit des Eintretens von E wird mit $P(E)$ bezeichnet.

Wahrscheinlichkeitsverteilung

Eine Wahrscheinlichkeitsverteilung ordnet jedem einzelnen Ergebnis genau eine Zahl so zu, dass diese Zahl zwischen 0 und 1 liegt und die Summe dieser Zahlen 1 ist.

Gleichverteilung (klassische Wahrscheinlichkeit; LAPLACE-Formel)

Haben alle Ergebnisse eines Zufallsexperiments die gleiche Wahrscheinlichkeit, so gilt für ein beliebiges Ereignis E:

$$P(E) = \frac{\text{Anzahl der für } E \text{ günstigen Ergebnisse}}{\text{Anzahl aller möglichen Ergebnisse}}$$

Mengenbeziehungen

Eine Menge A ist **Teilmenge** einer Menge B, wenn jedes Element von A auch Element von B ist.
$(A \subseteq B)$

Gibt es mindestens ein Element in B, das nicht zu A gehört, so ist A **echte Teilmenge** von B.
$A \subset B$

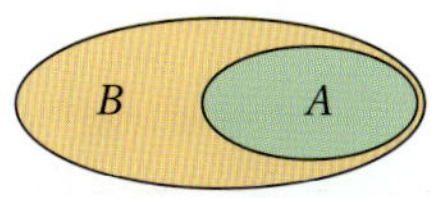

Die **Vereinigungsmenge $A \cup B$** ist die Menge aller Elemente, die zu A **oder** zu B oder zu beiden Mengen gehören.

$A \cup B = \{x \mid x \in A \vee x \in B\}$
(*gesprochen:* A vereinigt B)

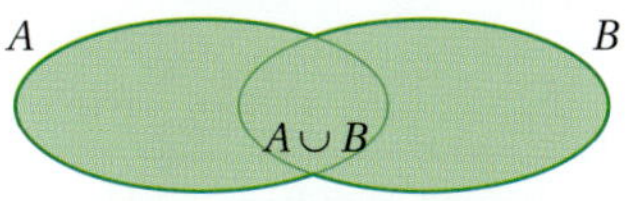

Die **Schnittmenge** (bzw. der **Durchschnitt**) $A \cap B$ ist die Menge aller Elemente, die zu A **und** gleichzeitig zu B gehören.

$A \cap B = \{x \mid x \in A \wedge x \in B\}$
(*gesprochen:* A geschnitten B)

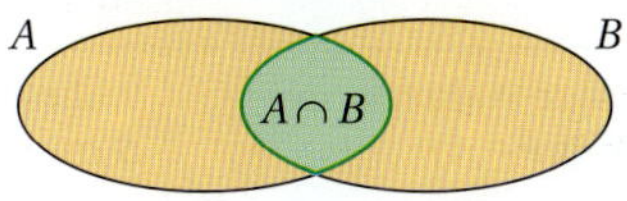

Regeln und Sätze für das Rechnen mit Wahrscheinlichkeiten

(1) $0 \leq P(E) \leq 1$	
(2) Wenn $\{a_1, a_2, \ldots, a_k\} \subseteq \Omega$, dann ist $P(\{a_1, a_2, \ldots, a_k\}) = P(\{a_1\}) + P(\{a_2\}) + \ldots + P(\{a_k\})$.	Summenregel
(3) $P(\Omega) = 1$	Wahrscheinlichkeit des sicheren Ereignisses
(4) $P(\emptyset) = 0$	Wahrscheinlichkeit des unmöglichen Ereignisses
(5) $P(\bar{E}) = 1 - P(E)$	Wahrscheinlichkeit des Gegenereignisses
(6) Wenn $E_1 \subseteq E_2$, dann ist $P(E_1) \leq P(E_2)$.	
(7) $P(E_1 \cup E_2) = P(E_1) + P(E_2) - P(E_1 \cap E_2)$	Additionssatz für zwei Ereignisse

Additionssatz für einander ausschließende Ereignisse E_1 und E_2

$P(E_1 \cup E_2) = P(E_1) + P(E_2)$ Wahrscheinlichkeit für „*entweder* E_1 *oder* E_2 tritt ein“

Pfadregeln, unabhängige Ereignisse

mehrstufiges Zufallsexperiment	ein aus mehreren nacheinander ablaufenden Teilvorgängen bestehendes Zufallsexperiment
Baumdiagramm	Möglichkeit der Beschreibung mehrstufiger Zufallsexperimente in einem Baumdiagramm: 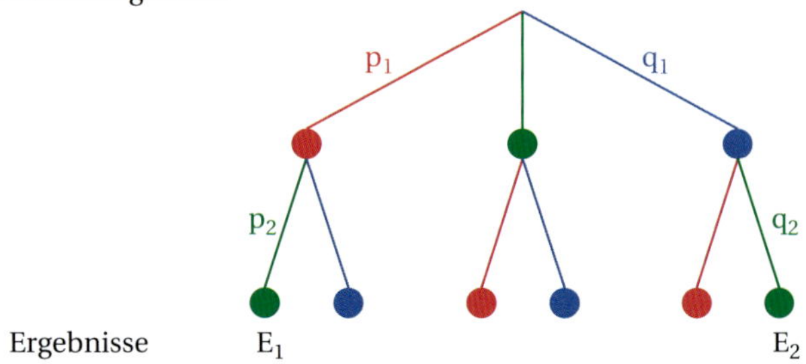 Jeder Pfad eines Baumdiagramms zeigt ein mögliches Ergebnis auf.
Pfadregeln	**1. Pfadregel (Produktregel):** Die Wahrscheinlichkeit eines Ergebnisses (eines Elementarereignisses) in einem mehrstufigen Zufallsexperiment ist gleich dem Produkt aller längs des Pfades im Baumdiagramm auftretenden Wahrscheinlichkeiten. $P(E_1) = p_1 \cdot p_2$ $P(E_2) = q_1 \cdot q_2$ **2. Pfadregel (Summenregel):** Die Wahrscheinlichkeit eines Ereignisses in einem mehrstufigen Zufallsexperiment ist gleich der Summe der zugehörigen Pfadwahrscheinlichkeiten, d.h. der Wahrscheinlichkeiten der Pfade, bei denen das Ereignis eintritt. $P(E) = P(E_1) + P(E_2)$ $P(E) = p_1 \cdot p_2 + q_1 \cdot q_2$
unabhängige Ereignisse	Das Eintreten eines Ereignisses hat keinen Einfluss auf das Eintreten des anderen.
bedingte Wahrscheinlichkeit $P_B(A)$	Wahrscheinlichkeit des Ereignisses A unter der Voraussetzung, dass das Ereignis B mit einer bestimmten Wahrscheinlichkeit bereits eingetreten ist $P_B(A) = \frac{P(A \cap B)}{P(B)}$, falls $P(B) > 0$

Additionssatz

Für die Wahrscheinlichkeit des Eintretens von A oder B gilt:

$P(A \cup B) = P(A) + P(B)$

Multiplikationssatz

Für die Wahrscheinlichkeit, dass sowohl A als auch B eintritt, gilt:

$P(A \cap B) = P(B) \cdot P_B(A) = P(A) \cdot P_A(B)$, falls $P(B)$ bzw. $P(A) > 0$

Multiplikationssatz für unabhängige Ereignisse E_1 und E_2

Wahrscheinlichkeit für „*sowohl E_1 als auch E_2* tritt ein":

$P(E_1 \cap E_2) = P(E_1) \cdot P(E_2)$

Lage- und Streumaße statistischer Untersuchungen

Modalwert	Ergebnis bei einer Messreihe oder einer Stichprobe, welches am häufigsten auftritt
arithmetisches Mittel (Mittelwert; Durchschnitt) $\bar{x}$ oder $\overline{m}$	Summe aller Werte, dividiert durch die Anzahl der Werte $\bar{x} = \frac{x_1 + x_2 + \ldots + x_n}{n}$ n Anzahl der Werte (Umfang der Stichprobe)
Zentralwert z (Median)	Ordnet man alle Ergebnisse einer Messreihe ihrer Größe nach, so ist der Wert in der Mitte aller Ergebnisse der Zentralwert. (Bei geraden Anzahlen von Ergebnissen nimmt man das arithmetische Mittel der beiden in der Mitte stehenden Werte.)
Spannweite R (Streu- oder Variationsbreite)	Differenz zwischen dem größten und dem kleinsten Ergebnis einer Stichprobe $R = x_{\text{Max}} - x_{\text{Min}}$
mittlere Abweichung a von $\bar{x}$	Summe der Beträge aller Differenzen zwischen den einzelnen Ergebnissen und dem Mittelwert, dividiert durch die Anzahl aller Ergebnisse $a = \frac{\lvert x_1 - \bar{x}\rvert + \lvert x_2 - \bar{x}\rvert + \ldots + \lvert x_n - \bar{x}\rvert}{n}$
Varianz s^2	Streumaß, zu dessen Berechnung jeweils die Differenzen zwischen den einzelnen Ergebnissen und dem Mittelwert quadriert werden. Diese Quadrate werden anschließend aufsummiert und durch $(n-1)$ dividiert. $s^2 = \frac{(x_1 - \bar{x})^2 + (x_2 - \bar{x})^2 + \ldots + (x_n - \bar{x})^2}{n-1}$ (bei *Stichproben* vom Umfang n aus einer Grundgesamtheit) Für die Varianz von *Grundgesamtheiten* vom Umfang N gilt: $\sigma^2 = \frac{(x_1 - \bar{x})^2 + (x_2 - \bar{x})^2 + \ldots + (x_n - \bar{x})^2}{N}$
Standardabweichung s	Standardabweichung = $\sqrt{\text{Varianz}}$ $s = \sqrt{s^2}$ $(s \geq 0)$

Warscheinlichkeitsrechnung: man muss die Wahrscheinlichkeit von jedem einzellnen Ergebniss * nehmen
Bsp. 3 2 zu würfeln (hintereinander) $\frac{1}{6} \times \frac{1}{6} \times \frac{1}{6} = \frac{1}{216}$

Darstellungsarten

Strichliste	**Stamm-Blätter-Diagramm** (auch Stängel-Blatt-Diagramm)	**Klassenbildung**
wird häufig beim Erfassen der Daten angewendet	Daten werden aufgespalten in einen „Stamm" (linker Teil) und ein „Blatt" (rechter Teil).	Zusammenfassen der Daten in Klassen unterschiedlicher oder gleicher Größe
	Daten: 19 26 37 35 22 18 17 28 20 33 34 12 28 17 32 16	
1: 卌 2: 卌 卌 |||| 3: || 4: 卌 ||| 5: 卌 卌 6: ||||	Stamm | Blatt 1 | 9 8 7 2 7 6 2 | 6 2 8 0 8 3 | 7 5 3 4 2	Klasse – abs. Häufigkeit 6 – 15: 1 16 – 25: 7 26 – 35: 7 36 – 45: 1

Diagramme

Säulendiagramm (Stabdiagramm)

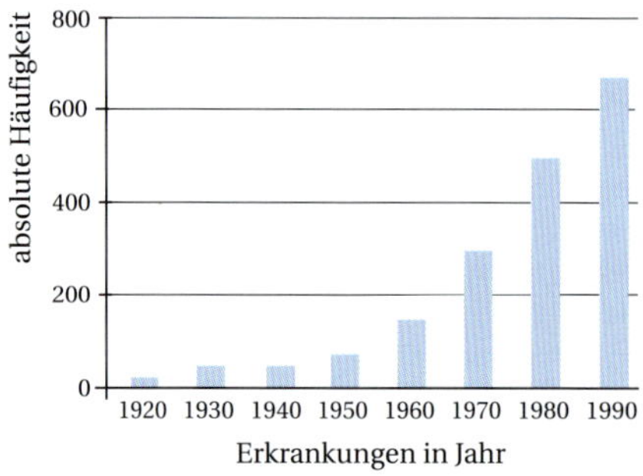

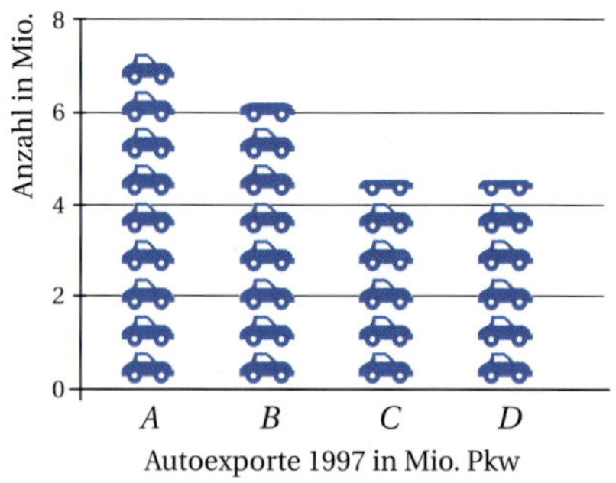

(Statt einfacher Rechtecke werden manchmal zur Veranschaulichung auch aufeinander getürmte Gegenstände als Säulen / Stäbe verwendet.)

Balkendiagramm

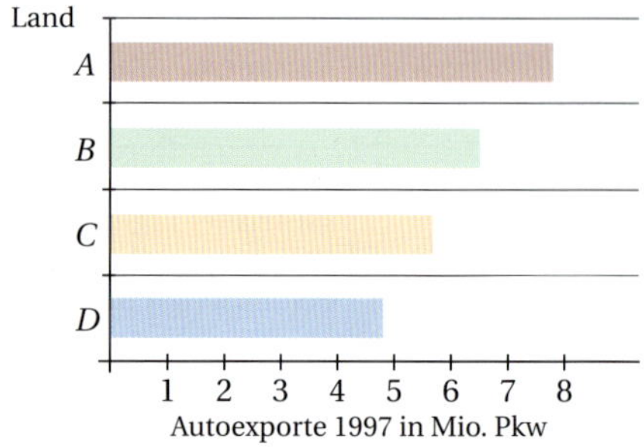

Veränderungen des Nahrungsmittelverbrauchs pro Kopf in zwei aufeinanderfolgenden Jahrzehnten

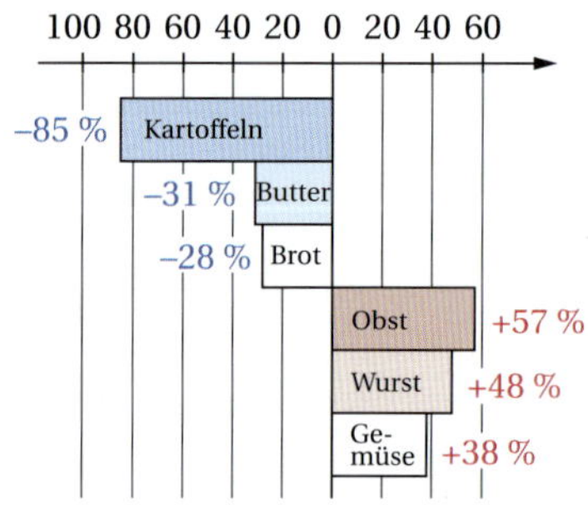

Bodennutzung in einem Land

Streifendiagramm (Prozentstreifen)

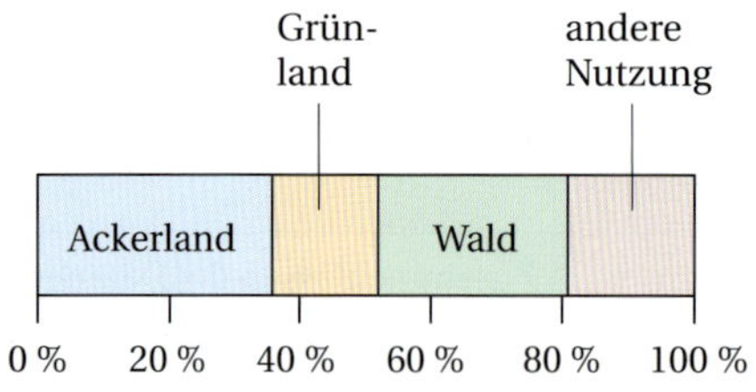

Der gesamte Streifen veranschaulicht 100 %.

$\frac{\text{Prozentzahl} \cdot \text{Streifenlänge}}{100} \mathrel{\widehat{=}}$ Länge des Rechtecks

Für den entsprechenden Anteil gilt:

$\frac{\text{Rechtecklänge} \cdot 100}{\text{Streifenlänge}} \mathrel{\widehat{=}}$ Prozentzahl

Kreisdiagramm (Prozentkreis)

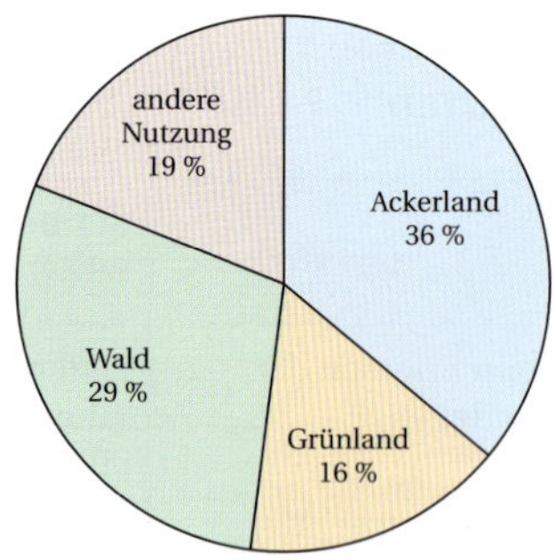

100 % $\mathrel{\widehat{=}}$ 360° im Kreisdiagramm   1 % $\mathrel{\widehat{=}}$ 3,6°

Prozentzahl · 3,6 $\mathrel{\widehat{=}}$ Gradzahl des Winkels im Kreisdiagramm

$\frac{\text{Gradzahl des Winkels}}{3{,}6} \mathrel{\widehat{=}}$ Anteil in Prozent (Prozentzahl)

Primzahlen und Primfaktorzerlegung

Primzahlen unter 1000

2	43	103	173	241	317	401	479	571	647	739	827	919
3	47	107	179	251	331	409	487	577	653	743	829	929
5	53	109	181	257	337	419	491	587	659	751	839	937
7	59	113	191	263	347	421	499	593	661	757	853	941
11	61	127	193	269	349	431	503	599	673	761	857	947
13	67	131	197	271	353	433	509	601	677	769	859	953
17	71	137	199	277	359	439	521	607	683	773	863	967
19	73	139	211	281	367	443	523	613	691	787	877	971
23	79	149	223	283	373	449	541	617	701	797	881	977
29	83	151	227	293	379	457	547	619	709	809	883	983
31	89	157	229	307	383	461	557	631	719	811	887	991
37	97	163	233	311	389	463	563	641	727	821	907	997
41	101	167	239	313	397	467	569	643	733	823	911	…

Primfaktorzerlegung bis 813 (ohne gerade Zahlen)

$9 = 3^2$	$145 = 5 \cdot 29$	$265 = 5 \cdot 53$	$377 = 13 \cdot 29$	$493 = 17 \cdot 29$	$597 = 3 \cdot 199$	$711 = 3^2 \cdot 79$
$15 = 3 \cdot 5$	$147 = 3 \cdot 7^2$	$267 = 3 \cdot 89$	$381 = 3 \cdot 127$	$495 = 3^2 \cdot 5 \cdot 11$	$603 = 3^2 \cdot 67$	$713 = 23 \cdot 31$
$21 = 3 \cdot 7$	$153 = 3^2 \cdot 17$	$273 = 3 \cdot 7 \cdot 13$	$385 = 5 \cdot 7 \cdot 11$	$497 = 7 \cdot 71$	$605 = 5 \cdot 11^2$	$715 = 5 \cdot 11 \cdot 13$
$25 = 5^2$	$155 = 5 \cdot 31$	$275 = 5^2 \cdot 11$	$387 = 3^2 \cdot 43$	$501 = 3 \cdot 167$	$609 = 3 \cdot 7 \cdot 29$	$717 = 3 \cdot 239$
$27 = 3^3$	$159 = 3 \cdot 53$	$279 = 3^2 \cdot 31$	$391 = 17 \cdot 23$	$505 = 5 \cdot 101$	$611 = 13 \cdot 47$	$721 = 7 \cdot 103$
$33 = 3 \cdot 11$	$161 = 7 \cdot 23$	$285 = 3 \cdot 5 \cdot 19$	$393 = 3 \cdot 131$	$507 = 3 \cdot 13^2$	$615 = 3 \cdot 5 \cdot 41$	$723 = 3 \cdot 241$
$35 = 5 \cdot 7$	$165 = 3 \cdot 5 \cdot 11$	$287 = 7 \cdot 41$	$395 = 5 \cdot 79$	$511 = 7 \cdot 73$	$621 = 3^3 \cdot 23$	$725 = 5^2 \cdot 29$
$39 = 3 \cdot 13$	$169 = 13^2$	$289 = 17^2$	$399 = 3 \cdot 7 \cdot 19$	$513 = 3^3 \cdot 19$	$623 = 7 \cdot 89$	$729 = 3^6$
$45 = 3^2 \cdot 5$	$171 = 3^2 \cdot 19$	$291 = 3 \cdot 97$	$403 = 13 \cdot 31$	$515 = 5 \cdot 103$	$625 = 5^4$	$731 = 17 \cdot 43$
$49 = 7^2$	$175 = 5^2 \cdot 7$	$295 = 5 \cdot 59$	$405 = 3^4 \cdot 5$	$517 = 11 \cdot 47$	$627 = 3 \cdot 11 \cdot 19$	$735 = 3 \cdot 5 \cdot 7^2$
$51 = 3 \cdot 17$	$177 = 3 \cdot 59$	$297 = 3^3 \cdot 11$	$407 = 11 \cdot 37$	$519 = 3 \cdot 173$	$629 = 17 \cdot 37$	$737 = 11 \cdot 67$
$55 = 5 \cdot 11$	$183 = 3 \cdot 61$	$299 = 13 \cdot 23$	$411 = 3 \cdot 137$	$525 = 3 \cdot 5^2 \cdot 7$	$633 = 3 \cdot 211$	$741 = 3 \cdot 13 \cdot 19$
$57 = 3 \cdot 19$	$185 = 5 \cdot 37$	$301 = 7 \cdot 43$	$413 = 7 \cdot 59$	$527 = 17 \cdot 31$	$635 = 5 \cdot 127$	$745 = 5 \cdot 149$
$63 = 3^2 \cdot 7$	$187 = 11 \cdot 17$	$303 = 3 \cdot 101$	$415 = 5 \cdot 83$	$529 = 23^2$	$637 = 7^2 \cdot 13$	$747 = 3^2 \cdot 83$
$65 = 5 \cdot 13$	$189 = 3^3 \cdot 7$	$305 = 5 \cdot 61$	$417 = 3 \cdot 139$	$531 = 3^2 \cdot 59$	$639 = 3^2 \cdot 71$	$749 = 7 \cdot 107$
$69 = 3 \cdot 23$	$195 = 3 \cdot 5 \cdot 13$	$309 = 3 \cdot 103$	$423 = 3^2 \cdot 47$	$533 = 13 \cdot 41$	$645 = 3 \cdot 5 \cdot 43$	$753 = 3 \cdot 251$
$75 = 3 \cdot 5^2$	$201 = 3 \cdot 67$	$315 = 3^2 \cdot 5 \cdot 7$	$425 = 5^2 \cdot 17$	$535 = 5 \cdot 107$	$649 = 11 \cdot 59$	$755 = 5 \cdot 151$
$77 = 7 \cdot 11$	$203 = 7 \cdot 29$	$319 = 11 \cdot 29$	$427 = 7 \cdot 61$	$537 = 3 \cdot 179$	$651 = 3 \cdot 7 \cdot 31$	$759 = 3 \cdot 11 \cdot 23$
$81 = 3^4$	$205 = 5 \cdot 41$	$321 = 3 \cdot 107$	$429 = 3 \cdot 11 \cdot 13$	$539 = 7^2 \cdot 11$	$655 = 5 \cdot 131$	$763 = 7 \cdot 109$
$85 = 5 \cdot 17$	$207 = 3^2 \cdot 23$	$323 = 17 \cdot 19$	$435 = 3 \cdot 5 \cdot 29$	$543 = 3 \cdot 181$	$657 = 3^2 \cdot 73$	$765 = 3^2 \cdot 5 \cdot 17$
$87 = 3 \cdot 29$	$209 = 11 \cdot 19$	$325 = 5^2 \cdot 13$	$437 = 19 \cdot 23$	$545 = 5 \cdot 109$	$663 = 3 \cdot 13 \cdot 17$	$767 = 13 \cdot 59$
$91 = 7 \cdot 13$	$213 = 3 \cdot 71$	$327 = 3 \cdot 109$	$441 = 3^2 \cdot 7^2$	$549 = 3^2 \cdot 61$	$665 = 5 \cdot 7 \cdot 19$	$771 = 3 \cdot 257$
$93 = 3 \cdot 31$	$215 = 5 \cdot 43$	$329 = 7 \cdot 47$	$445 = 5 \cdot 89$	$551 = 19 \cdot 29$	$667 = 23 \cdot 29$	$775 = 5^2 \cdot 31$
$95 = 5 \cdot 19$	$217 = 7 \cdot 31$	$333 = 3^2 \cdot 37$	$447 = 3 \cdot 149$	$553 = 7 \cdot 79$	$669 = 3 \cdot 223$	$777 = 3 \cdot 7 \cdot 37$
$99 = 3^2 \cdot 11$	$219 = 3 \cdot 73$	$335 = 5 \cdot 67$	$451 = 11 \cdot 41$	$555 = 3 \cdot 5 \cdot 37$	$671 = 11 \cdot 61$	$779 = 19 \cdot 41$
$105 = 3 \cdot 5 \cdot 7$	$221 = 13 \cdot 17$	$339 = 3 \cdot 113$	$453 = 3 \cdot 151$	$559 = 13 \cdot 43$	$675 = 3^3 \cdot 5^2$	$781 = 11 \cdot 71$
$111 = 3 \cdot 37$	$225 = 3^2 \cdot 5^2$	$341 = 11 \cdot 31$	$455 = 5 \cdot 7 \cdot 13$	$561 = 3 \cdot 11 \cdot 17$	$679 = 7 \cdot 97$	$783 = 3^3 \cdot 29$
$115 = 5 \cdot 23$	$231 = 3 \cdot 7 \cdot 11$	$343 = 7^3$	$459 = 3^3 \cdot 17$	$565 = 5 \cdot 113$	$681 = 3 \cdot 227$	$785 = 5 \cdot 157$
$117 = 3^2 \cdot 13$	$235 = 5 \cdot 47$	$345 = 3 \cdot 5 \cdot 23$	$465 = 3 \cdot 5 \cdot 31$	$567 = 3^4 \cdot 7$	$685 = 5 \cdot 137$	$789 = 3 \cdot 263$
$119 = 7 \cdot 17$	$237 = 3 \cdot 79$	$351 = 3^3 \cdot 13$	$469 = 7 \cdot 67$	$573 = 3 \cdot 191$	$687 = 3 \cdot 229$	$791 = 7 \cdot 113$
$121 = 11^2$	$243 = 3^5$	$355 = 5 \cdot 71$	$471 = 3 \cdot 157$	$575 = 5^2 \cdot 23$	$689 = 13 \cdot 53$	$793 = 13 \cdot 61$
$123 = 3 \cdot 41$	$245 = 5 \cdot 7^2$	$357 = 3 \cdot 7 \cdot 17$	$473 = 11 \cdot 43$	$579 = 3 \cdot 193$	$693 = 3^2 \cdot 7 \cdot 11$	$795 = 3 \cdot 5 \cdot 53$
$125 = 5^3$	$247 = 13 \cdot 19$	$361 = 19^2$	$475 = 5^2 \cdot 19$	$581 = 7 \cdot 83$	$695 = 5 \cdot 139$	$799 = 17 \cdot 47$
$129 = 3 \cdot 43$	$249 = 3 \cdot 83$	$363 = 3 \cdot 11^2$	$477 = 3^2 \cdot 53$	$583 = 11 \cdot 53$	$697 = 17 \cdot 41$	$801 = 3^2 \cdot 89$
$133 = 7 \cdot 19$	$253 = 11 \cdot 23$	$365 = 5 \cdot 73$	$481 = 13 \cdot 37$	$585 = 3^2 \cdot 5 \cdot 13$	$699 = 3 \cdot 233$	$803 = 11 \cdot 73$
$135 = 3^3 \cdot 5$	$255 = 3 \cdot 5 \cdot 17$	$369 = 3^2 \cdot 41$	$483 = 3 \cdot 7 \cdot 23$	$589 = 19 \cdot 31$	$703 = 19 \cdot 37$	$805 = 5 \cdot 7 \cdot 23$
$141 = 3 \cdot 47$	$259 = 7 \cdot 37$	$371 = 7 \cdot 53$	$485 = 5 \cdot 97$	$591 = 3 \cdot 197$	$705 = 3 \cdot 5 \cdot 47$	$807 = 3 \cdot 269$
$143 = 11 \cdot 13$	$261 = 3^2 \cdot 29$	$375 = 3 \cdot 5^3$	$489 = 3 \cdot 163$	$595 = 5 \cdot 7 \cdot 17$	$707 = 7 \cdot 101$	$813 = 3 \cdot 271$

Ma

Naturkonstanten, Größen und Einheiten, physikalische Zusammenhänge

Naturkonstanten

Konstante	Formelzeichen	Wert der Konstanten
Fallbeschleunigung (mittlerer Wert)	g	$9{,}807\ \frac{\mathrm{m}}{\mathrm{s}^2} \approx 9{,}81\ \frac{\mathrm{m}}{\mathrm{s}^2}$
Lichtgeschwindigkeit im Vakuum	c	$299\,792{,}458\ \frac{\mathrm{km}}{\mathrm{s}} \approx 300\,000\ \frac{\mathrm{km}}{\mathrm{s}}$
Normdruck (normaler Luftdruck)	p_n	101 325 Pa = 101,325 kPa = 1,013 25 bar

Größen und Einheiten im Überblick

Größe	Formelzeichen	Einheiten		Beziehungen zwischen den Einheiten
Amplitude	y_{max}	Meter	m	1 m = 10 dm = 100 cm
Beschleunigung	a, f	Meter durch Quadratsekunde	$\frac{\mathrm{m}}{\mathrm{s}^2}$	$1\ \frac{\mathrm{m}}{\mathrm{s}^2} = 1\ \frac{\mathrm{N}}{\mathrm{kg}}$
Dichte	ϱ	Gramm durch Kubikzentimeter	$\frac{\mathrm{g}}{\mathrm{cm}^3}$	$1\ \frac{\mathrm{g}}{\mathrm{cm}^3} = 1\,000\ \frac{\mathrm{kg}}{\mathrm{m}^3}$
Druck	p	Pascal	Pa	$1\ \mathrm{Pa} = 1\ \frac{\mathrm{N}}{\mathrm{m}^2} = 0{,}00001\ \mathrm{bar}$
Frequenz	f	Hertz	Hz	$1\ \mathrm{Hz} = \frac{1}{\mathrm{s}}$
Kraft	F	Newton	N	$1\ \mathrm{N} = 1\ \frac{\mathrm{kg} \cdot \mathrm{m}}{\mathrm{s}^2} = 1\ \frac{\mathrm{J}}{\mathrm{m}}$
Spannung, elektrische	U	Volt	V	
Stromstärke, elektrische	I	Ampere	A	
Widerstand,elektrischer	R	Ohm	Ω	

Dichte ϱ von festen Stoffen

bei 0 °C und 101,3 kPa

Stoff	ϱ in $\frac{\mathrm{g}}{\mathrm{cm}^3}$	Stoff	ϱ in $\frac{\mathrm{g}}{\mathrm{cm}^3}$	Stoff	ϱ in $\frac{\mathrm{g}}{\mathrm{cm}^3}$
Aluminium	2,70	Eisen	7,86	Silber	10,5
Blei	11,35	Gold	19,3	Stahl	7,8
Buche	0,7	Messing	8,4	Zink	7,13

Dichte ϱ von Flüssigkeiten

bei 0 °C und 101,3 kPa

Stoff	ϱ in $\frac{\mathrm{g}}{\mathrm{cm}^3}$	Stoff	ϱ in $\frac{\mathrm{g}}{\mathrm{cm}^3}$	Stoff	ϱ in $\frac{\mathrm{g}}{\mathrm{cm}^3}$
Benzin	0,70… 0,74	Meerwasser	1,02	Petroleum	0,81
Dieselkraftstoff	0,84	Olivenöl	0,91	Quecksilber	13,53

Ma

Bewegungen

geradlinig gleichförmige Bewegung (v = **konstant**)	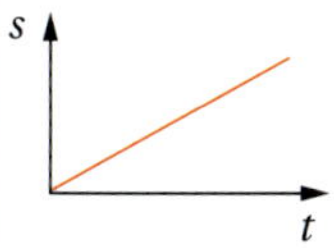 $s = v \cdot t$ $v = \frac{s}{t}$	s Weg v Geschwindigkeit a Beschleunigung t Zeit g Fallbeschleunigung
gleichmäßig beschleunigte Bewegung (a = **konstant**)	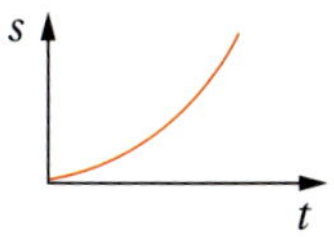 $s = \frac{a}{2} \cdot t^2$ $s = \frac{v \cdot t}{2}$ 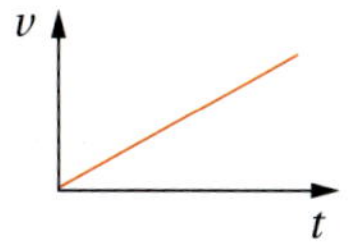	$v = a \cdot t$ $v = \sqrt{2a \cdot s}$
	Für den freien Fall gilt: $s = \frac{g}{2} \cdot t^2$ $v = g \cdot t$ $v = \sqrt{2g \cdot h}$	

Mechanische Schwingungen

Frequenz und Schwingungsdauer einer Schwingung	$f = \frac{1}{T}$ $f = \frac{n}{t}$ $T = \frac{1}{f}$ $T = \frac{t}{n}$	f *Frequenz* t *Zeit* n Schwingungsanzahl T Schwingungsdauer
Weg-Zeit-Gesetz einer harmonischen Schwingung	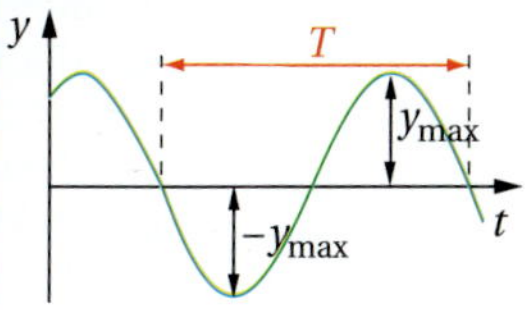 $y = y_{max} \cdot \sin\left(\frac{2\pi}{T} \cdot t\right)$	y Auslenkung y_{max} Amplitude

Dichte und Druck

Dichte	$\varrho = \frac{m}{V}$	ϱ Dichte m Masse V Volumen
Druck	$p = \frac{F}{A}$ (Kraft wirkt senkrecht auf die Fläche)	p Druck F Kraft A Fläche

Newtonsches Grundgesetz

Newtonsches Grundgesetz	$F = m \cdot a$	F Kraft m Masse a Beschleunigung

Gesetze im einfachen Stromkreis

Stromstärke, Spannung und Widerstand im Stromkreis	$R = \frac{U}{I}$ $U = I \cdot R$ $I = \frac{U}{R}$	U Spannung I Stromstärke R Widerstand
elektrische Leistung	$P = U \cdot I$	P Leistung

eichsetzungsverfahren
= x+3
x+2(x+3) = 18
x+2x+6 = 18 | -6
x+2x = 12
2y = 18

Register

sinus 28

V = Dreieck

$\frac{g \cdot h}{2}$

Kreis

$A = r^2 \cdot \pi$

volumen Dreieck

$\frac{a \cdot b \cdot c}{2}$ (Rechteck : 2)